高等职业教育“十四五”规划教材

U0821225

实验室管理体系建立与运行

郭艳微　杨淑兰　刘丽萍　主编

中国农业大学出版社
·北京·

内 容 简 介

全书共有14个项目，主要内容包括实验室资质认定和认可概述；资质认定和认可的组织实施及程序；实验室管理体系的建立；实验室管理体系的运行；实验室设计和建设要求；实验室人员管理和培训要求；实验室设备和设施管理；实验室试剂和标准物质管理；实验室样品管理；实验室信息管理、文件管理和档案管理；实验室安全管理和环境保护；实验室质量控制；实验室检验检测报告要求；内部审核和管理评审等。本教材的特点是融入企业实验室管理的方法，为学生创设实际的工作情景，促进学生实践能力的提高。

本教材由校企合作编写，强调教材的应用性，在满足企业培训需求的同时，注重培养学生学习过程中的实际操作性。本教材可以作为全国高等职业院校环境、食品及医学检验等相关专业的教学用书，也可作为检验检测机构(实验室)新进人员培训用书。

图书在版编目(CIP)数据

实验室管理体系建立与运行 / 郭艳微，杨淑兰，刘丽萍主编. -- 北京：中国农业大学出版社，2023.8

ISBN 978-7-5655-2840-8

Ⅰ.①实… Ⅱ.①郭… ②杨… ③刘… Ⅲ.①实验室管理-高等职业教育-教材 Ⅳ.①G311

中国版本图书馆CIP数据核字(2022)第138552号

书　　名　实验室管理体系建立与运行

作　　者　郭艳微　杨淑兰　刘丽萍　主编

策划编辑	康昊婷	**责任编辑**	康昊婷
封面设计	郑　川		
出版发行	中国农业大学出版社		
社　　址	北京市海淀区圆明园西路2号	**邮政编码**	100193
电　　话	发行部 010-62733489，1190		读者服务部 010-62732336
	编辑部 010-62732617，2618		出　版　部 010-62733440
网　　址	http://www.caupress.cn	**E-mail**	cbsszs@cau.edu.cn
经　　销	新华书店		
印　　刷	北京鑫丰华彩印有限公司		
版　　次	2023年8月第1版　2023年8月第1次印刷		
规　　格	185 mm×260 mm　16开本　13.5印张　331千字		
定　　价	43.00元		

编写人员

主　　编　郭艳微　杨淑兰　刘丽萍

副 主 编　宋　静　芦洪涛　邹铁梅　尚胜美

参　　编　宛　雁　杨访清　黄黎华　潘妙婷

前 言

党的二十大报告指出，强化食品药品安全监管，健全生物安全监管预警防控体系。检验检测行业作为现代产业的重要组成部分，在国民经济产业发展中逐步凸显出重要位置，对加强产品质量安全、促进产业发展、规范经济秩序、维护群众利益发挥着重要作用。随着社会主义市场经济体制不断完善，社会对检验检测的需求日益增长，检验检测机构逐步成为我国乃至全球现代服务业发展的重要力量。截至 2021 年底，我国获得资质认定的检验检测机构超过 5.19 万家，中国合格评定国家认可委员会(CNAS)认可实验室在全国超过 1.28 万家，覆盖国民经济各领域，这些检验检测机构(实验室)共同构成了支撑国家经济社会发展的技术基础，助推我国高质量发展和深度参与国际国内“两个循环”与“一带一路”建设，对传统产业的转型和战略性新兴产业的发展起到了重要的支撑作用，随着贯彻落实习近平新时代中国特色社会主义思想不断深入，“放、管、服”改革不断深化，我国检验检测行业进入高质量规范发展的重要阶段。

本书主要作为全国高等职业院校环境、食品及医学检验等相关专业的教学用书，也可作为检验检测机构(实验室)新进人员培训使用。该教材由校企合作编写，教材内容既能满足学校的教学要求，也符合企业新进人员培训的需求，使学生的课程学习更贴合企业实际要求，实现从学校到企业的无缝对接。

本书内容的设计是以一个来自工作实际的真实企业转化而成的虚设企业作为总情景，

教学活动场景是实验室日常工作环境。按照一个企业从无到有，从资质申请到后期运营管理的思路完成。包含资质认定和认可的组织实施、实验室管理体系的建立、实验室设计和建设要求、实验室人员和设备的管理以及实验室后期运行管理等内容。掌握这些内容是进入实验室各岗位工作的必备前提，也是了解检验检测机构（实验室）运行管理的重要窗口。本书内容注重体现职业教育特色，对接职业、行业标准，激发并培养学生对行业认知的兴趣以及对专业其他课程的理解起着至关重要的作用。

通过本书的学习，读者能够系统了解我国检验检测机构资质认定和实验室认可发展历程、熟悉检验检测机构资质认定法律法规和实验室认可的要求、掌握检验检测机构资质认定和实验室认可评审准则的具体内容，能够自主编写实验室管理体系文件，开展内审和管理评审活动，指导检验检测机构（实验室）管理体系合规运行，助力检验检测机构（实验室）规范和高质量发展。

本书由多人合编，加之编者的学识和水平限制，疏漏、不足之处在所难免，恳请同行专家和读者批评指正，以期共同提升检验检测人才培养的质量，推动我国检验检测行业的发展。

编　者

2022 年 12 月

目　录

项目一
资质认定和认可概述

学习目标

(1)了解资质认定和认可的基本概念。

(2)了解资质认定和认可的起源、发展和现状。

任务一　资质认定和认可的基本概念

一、资质认定基本概念

(一)资质认定

在中华人民共和国国家质量监督检验检疫总局令第163号《检验检测机构资质认定管理办法》(修正案)中,对资质认定的定义如下:

资质认定是指市场监督管理部门依照法律、行政法规规定,对向社会出具具有证明作用的数据、结果的检验检测机构的基本条件和技术能力是否符合法定要求实施的评价许可。

(二)检验检测机构

在中华人民共和国国家质量监督检验检疫总局令第163号《检验检测机构资质认定管理办法》(修正案)中,对检验检测机构定义如下:

检验检测机构是指依法成立,依据相关标准或者技术规范,利用仪器设备、环境设施等技术条件和专业技能,对产品或者法律法规规定的特定对象进行检验检测的专业技术组织。

二、认可基本概念

(一)认可

《中华人民共和国认证认可条例》对"认可"给出以下定义:

认可是指由认可机构对认证机构、检查机构、实验室以及从事评审、审核等认证活动人员的能力和执业资格,予以承认的合格评定活动。

在国家标准 GB/T 27000 标准中，认可的定义是：“正式表明合格评定机构具备实施特定合格评定工作的能力的第三方证明。”

（二）国家认可机构

根据《中华人民共和国认证认可条例》的规定，中国合格评定国家认可委员会（China National Accreditation Service for Conformity Assessment，CNAS）是由国家认证认可监督管理委员会批准设立并授权的国家认可机构，统一负责对认证机构、实验室和检验机构等相关机构（以下简称“合格评定机构”）的认可工作。

CNAS 秘书处设在中国合格评定国家认可中心（以下简称认可中心）。认可中心作为 CNAS 的法律依托单位，承担 CNAS 开展认可活动所引发的法律责任。

（三）实验室

根据 CNAS—CL01：2018《检测和校准实验室能力认可准则》，实验室指从事下列一种或多种活动的机构：

——检测；

——校准；

——与后续检测或校准相关的抽样。

注：本书所讲的“实验室”，统一采用了上述的“实验室”概念，包含了资质认定的“检验检测机构”和认可中的“检测实验室”。

三、资质认定和认可的联系与区别

本书所讲的资质认定，是检验检测机构资质认定，是一项根据法律法规由行政部门组织实施的行政许可，针对的对象是各类检验检测机构；特殊领域的检验检测机构，如果法律法规有其他规定的从其规定。认可主要指实验室认可、检验机构认可和认证机构认可，我国认可机构目前也开展了医学实验室、司法鉴定/法庭科学实验室、生物安全实验室等特殊实验室的认可工作。

资质认定获证机构与认可获证机构的相互关系如图 1-1 所示。

检验检测机构资质认定与认可（实验室认可和检验机构认可）的共同点在于：

（1）都是基于对检验检测机构的技术能力、质量管理水平的评审，做出评审结论并颁发证书的活动。

（2）主要依据的标准均为 ISO/IEC 17025、ISO/IEC 17020 等同转化的中国国家标准 GB/T 27025、GB/T 27020，技术要求的主体内容相同。

（3）资质认定制度和认可制度都由国家认证认可监督管理委员会负责制订制度、组织实施并进行监管。

两者的主要差异在于：

（1）强制性与自愿性的区别。资质认定属于依据法律法规实施的强制性许可，检验检测机构必须取得资质认定，方可对社会出具具有证明作用的数据和结果。未经资质认定或资质认定证书规定的能力未覆盖的，实验室不得对外出具相关检验检测报告。行政管理部门可依据法律法规和相关规章制度对违者进行处罚。

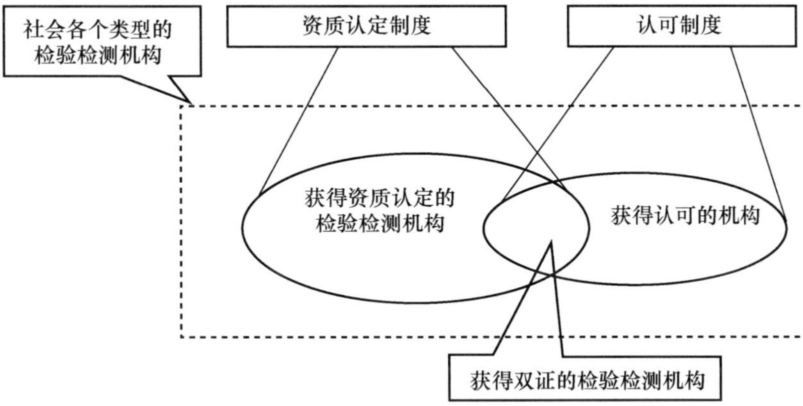

图 1-1　资质认定获证机构与认可获证机构的相互关系

认可是自愿性评价制度。实验室、检验机构和认证机构可以根据自身需要申请认可(特例:在我国,目前《病原微生物实验室生物安全管理条例》规定,生物安全实验室中 P3、P4 级实验室需取得认可)。

(2)公益性与市场性的区别。资质认定履行行政许可项目,根据目前国家相关规定,资质认定评审不收取申请人相关费用,由财政提供评审经费。

认可需要向申请人收取申请费、评审费、年金等费用,费用金额与申请机构的领域范围有关。不缴纳费用的,认可机构可不受理其申请或者终止已获证实验室的认可资格。

(3)评价对象的区别。资质认定对象是第三方检验检测机构,申请资质认定的检验检测机构必须具备公正地位,确保检验检测活动的独立、公正和客观。

认可对象不限制属性,第一方、第二方、第三方实验室和 A、B、C 三类检验检测机构均可申请。

(4)获证目的的区别。资质认定的作用是表明检验检测机构具备法定的基本条件和能力,可以对社会出具在认定范围内具有证明作用的数据和结果。

认可的作用是表明实验室和检验检测机构具备按相应认可准则开展检验检测服务的技术能力,有助于增强市场竞争力,并可获得签署互认协议方国家和地区认可机构的承认。

(5)组织实施部门的区别。国务院有关部门以及相关行业主管部门依法成立的检验检测机构,其资质认定由国家市场监督管理总局负责组织实施;其他检验检测机构的资质认定,由其注册所在行政区域的省级市场监督管理部门负责组织实施。

认可在我国目前由中国合格评定国家认可委员会组织实施。

(6)工作流程和时限的区别。资质认定是行政许可项目,依据行政许可程序和时限组织实施,检验检测机构需向资质认定部门提交申请,评审工作按《检验检测机构资质认定管理办法》规定的流程和时限完成。

认可不属于行政许可项目。实验室申请认可时,直接向认可机构提出申请并缴纳申请费,认可机构根据相关认可文件的规定对申请材料进行文件评审、现场评审、组织评定、认可批准,最终颁发认可证书。目前,我国的认可机构对认可流程和时限也进行了较为明确的规定，认可时限大为压缩，在国际上处于领先地位。

(7)技术要求的区别。资质认定评审的依据和要求包括《检验检测机构资质认定管理办法》《检验检测机构资质认定评审准则》和相关特殊领域评审补充要求(如食品、刑事技术、生态环境监测等)的相关规定等。

认可评审的依据是基于 ISO/IEC 17025、ISO/IEC 17020 等相应国际标准转化为中国合格评定国家认可中心的认可准则及其应用说明等一系列认可文件。

(8)适用范围的区别。根据目前相关法律规定，资质认定的对象为中华人民共和国境内的相关检验检测机构；暂不能对境外检验检测机构进行评审和许可，也没有与其他国家政府部门签署双边、多边互认协议。

境外检验检测机构可以向认可机构申请认可。目前我国认可机构已认可了一定数量的境外检验检测机构(多数为中资驻境外机构)。我国认可机构 CNAS 是国际实验室认可合作组织(ILAC)和亚太实验室认可合作组织(APLAC)的成员，并已签署了多边互认协议，获得认可的实验室和检验检测机构出具的报告，可获得签署互认协议方国家和地区的承认。

(9)发展规模的区别。截至 2021 年底，我国获得资质认定的各类检验检测机构共有 51 949 家，全年实现营业收入共 4 090.22 亿元，全年向社会出具检验检测报告 6.84 亿份，共有从业人员 151.03 万人，拥有各类仪器设备 900.32 万台(套)，全部仪器设备资产原值 4 525.92 亿元，检验检测机构实验室面积 10 083.54 万平方米。“十三五”期间年均产值增长 15%，成为全球增长最快、最具潜力的检验检测认证服务市场。

认可是从 20 世纪 90 年代开始在我国推广的。截至 2021 年 12 月 31 日，CNAS 认可各类认证机构、实验室及检验机构三大门类共计十五个领域的 13 797 家机构，其中，累计认可各类认证机构 216 家，分项认可制度认证机构数量合计 811 家，涉及业务范围类型 12 109 个；累计认可实验室 12 871 家，其中检测实验室 10 507 家、校准实验室 1 580 家、医学实验室 541 家、标准物质生产者 26 家、能力验证提供者 99 家、实验动物机构 12 家、科研实验室 3 家、生物样本库 2 家、其他实验室 101 家；累计认可检验机构 710 家。

总的来说，检验检测机构资质认定制度与实验室认可、检验机构认可制度，是我国的两类重要评价制度。两套制度各有特点、适用不同的对象和目的，互为补充、互相促进，对推动我国检验检测体系的建设完善、提升检验检测机构能力水平、促进国际贸易和交流、提升服务产品质量和维护贸易公平都发挥了重要的作用。今后，两套制度还将进一步协调融合、共同发展，形成具有中国特色的检验检测领域合格评定体系。

任务二　资质认定的起源、发展和现状

一、资质认定制度概述

资质认定制度是依据《中华人民共和国计量法》及其实施细则和《中华人民共和国认证认可条例》等法律法规逐步发展形成的一项政府行政许可制度。1985 年颁布的《中华人民

共和国计量法》和1987年发布的《中华人民共和国计量法实施细则》中明确规定，为社会提供公证数据的产品质量检验机构，必须经省级以上人民政府计量行政部门计量认证。自《中华人民共和国计量法实施细则》发布后，原国家计量局为规范计量认证工作，参照英国实验室认可机构（NAMAS）、欧共体实验室认可机构等国外认可机构对检验机构的考核标准，结合我国实际情况，制订了对检验机构计量认证的考核标准，1987年发布《产品质量检验机构计量认证管理办法》，开始对我国的检验机构实施计量认证考核。考核合格的产品质量检验机构，颁发计量认证合格证书，并允许检验机构在对外出具的检验报告上标注计量认证标志（CMA）。

近年来随着我国产品质量检验检测工作与国际的接轨，国务院颁发了《中华人民共和国认证认可条例》。原国家质检总局于2006年2月21日发布实施《实验室和检查机构资质认定管理办法》，并于2015年4月9日发布《检验检测机构资质认定管理办法》（简称163号令），同年8月1日起实施，原《实验室和检查机构资质认定管理办法》同时作废。

二、资质认定制度发展历程

资质认定制度的发展历程在我国可划分为三个阶段，即：产品质量检验机构计量认证和审查认可、实验室和检查机构资质认定、检验检测机构资质认定。

（一）产品质量检验机构计量认证和审查认可

计量认证（CMA）和审查认可（CAL）是依据《中华人民共和国计量法》《中华人民共和国标准化法》和《中华人民共和国产品质量法》分别建立的针对普遍意义的产品检验机构和特定授权（验收）的产品质检机构的两套考核制度，考核依据是1987年发布的《产品质量检验机构计量认证管理办法》。

20世纪80年代，产品质量检验机构基本设置在研究院所等事业单位。国家为加强产品质量的监督与抽查，推行政府授权并命名的产品质量监督检验机构管理制度，成立了“国家中心”“行业中心”“省级质检站”等产品质量检验机构。为社会提供公证数据的产品质量检验机构，必须申请计量认证（CMA），承担政府部门产品质量监督抽查任务的质检机构还必须同时申请审查认可（CAL）。

1988年，国家技术监督局成立后，这两项考核制度在国家层面分别由国家技术监督局计量司和监督司负责，在省级层面由省级质量技术监督局的相关处室负责。1994年，国家技术监督局成立了实验室评审办公室，将计量认证、审查认可工作都归口到实验室评审办公室管理。1998年，国家技术监督局改为国家质量技术监督局，组建了认证与实验室评审管理司（简称“认评司”），统一负责计量认证、审查认可和实验室认可工作。2001年4月，国务院批准原国家质量技术监督局和原国家出入境检验检疫局合并，组建国家质量监督检验检疫总局，同时以原国家质量技术监督局认评司和原国家出入境检验检疫局认证司为基础组建国家认证认可监督管理委员会。2001年8月29日，国家认监委正式成立，原国家质量技术监督局认评司的大部分职能整体（包括人员）划归认监委，计量认证、审查认可这两项行政审批职能由国家认监委实验室与检测监管部负责。在国家相关管理部门改革的同时，省级质量技术监督部门的相关职能也在不同处室调整，多数省份的计量认证和审查认可工作均由当时的质量技术监督局负责认证的部门组织实施，但也有分散负责的情况。

(二)实验室和检查机构资质认定

随着我国的改革开放和国民经济发展与国际接轨的需要，1994 年，原国家技术监督局成立中国实验室国家认可委员会(CNACL)。1996 年，原国家进出口商品检验局成立中国进出口商品检验实验室认可委员会(CCIBLAC)。2001 年 4 月 19 日国家质量监督检验检疫总局成立，2001 年 8 月 29 日国家认证认可监督管理委员会成立。2002 年，CNACL 和 CCIBLAC 合并组建新的中国实验室国家认可委员会(CNAL)，实现我国统一的实验室认可体系。CNAL 经国家认证认可监督管理委员会授权，开展实验室国家认可工作。CNAL 按照有关国际标准建立和保持认可工作体系。CNAL 认可活动范围包括对检测和校准实验室、检查机构、能力验证提供者和标准物质生产者的认可。实验室认可逐步与计量认证和审查认可相结合，形成了三合一的评审机制。但计量认证和审查认可作为原国家技术监督局开展的一项实验室监管制度，仍被社会接受，并发挥着积极有效的作用。2006 年，原国家质检总局发布《实验室和检查机构资质认定管理办法》，将计量认证作为"资质认定"制度的一种形式，向实验室颁发资质认定(计量认证)证书，简称 CMA 证书。传统的计量认证和审查认可逐步被资质认定替代。依照国家质检总局的定位，资质认定包括计量认证和审查认可。资质认定(计量认证)也分国家级和省级两级实施。

(三)检验检测机构资质认定

2003 年 9 月 3 日中华人民共和国国务院令第 390 号公布《中华人民共和国认证认可条例》，标志着我国检验检测认证认可活动实现了制度化和规范化。根据《中华人民共和国认证认可条例》的规定，2006 年 3 月 31 日由国家认证认可监督管理委员会批准设立中国合格评定国家认可委员会(CNAS)，这是国家授权的唯一国家认可机构，统一负责对认证机构、实验室和检查机构等相关机构的认可工作。中国合格评定国家认可委员会是在原中国认证机构国家认可委员会(CNAB)和原中国实验室国家认可委员会(CNAL)基础上整合成立的。CNAS 通过评价、监督合格评定机构(如认证机构、实验室、检查机构)的管理和活动，确认其是否有能力开展相应的合格评定活动(如认证、检测和校准、检查等)。随着社会化第三方实验室的逐步成长，我国合格评定活动也随之蓬勃发展。我国依据《中华人民共和国计量法》等法律法规而逐步形成的资质认定(计量认证)制度已被社会广泛接受，也已形成政府各部门共同参与的监管机制，在国民经济发展中起到积极的保障作用。

2015 年，原国家质检总局修订并发布《检验检测机构资质认定管理办法》，自 2015 年 8 月 1 日起施行，原《实验室和检查机构资质认定管理办法》同时作废。2015 年 7 月 29 日国家认监委陆续发布了一系列配套文件，包括《检验检测机构资质认定公正性和保密性要求》《检验检测机构资质认定专业技术评价机构基本要求》《检验检测机构资质认定评审员管理要求》《检验检测机构资质认定标志及其使用要求》《检验测机构资质认定证书及其使用要求》《检验检测机构资质认定检验检测专用章使用要求》《检验检检测机构资质认定分类监管实施意见》《检验检测机构资质认定评审工作程序》《检验检测机构资质认定评审准则》《检验检测机构资质认定刑事技术机构评审补充要求》《检验检测机构资质认定司法鉴定机构评审补充要求》《检验检测机构资质认定许可公示表》《检验检测机构资质认定申请书》《检验检测机构资质认定评审报告》《检验检测机构资质认定审批表》等。检验检测机构资质认定作为一项政府行政许可工作,已形成一套完整的体系。

2018 年,国家市场监管总局组建,资质认定的职能由国家市场监管总局认可与检验检测监管司具体承担。在省级层面,各省市场监督管理部门于 2018 年年底也先后挂牌成立。资质认定工作的实施在各省市自治区情况不完全相同,有的由省级市场监管部门负责检验检测机构监督管理工作的部门负责,有的由省级市场监管部门内负责行政审批工作的部门负责。2021 年 3 月 25 日国家市场监督管理总局第 5 次局务会议审议通过《检验检测机构监督管理办法》(第 39 号令),2021 年 6 月 1 日起施行;2015 年 3 月 23 日国家质量监督检验检疫总局局务会议审议通过的《检验检测机构资质认定管理办法》(第 163 号令)2020 年 11 月修改征求意见,2021 年 4 月 22 日发布,2021 年 6 月 1 日起施行。

三、资质认定制度的改革

改革开放以来,我国资质认定制度从无到有,目前已经发展成为我国检验检测市场的基本准入制度,是一项重要的行政审批工作。资质认定已经成为一个"品牌",是目前我国实验室评价管理工作中应用范围最广、知名度最高的管理模式。经济活动中的检验检测报告必须带有资质认定标志(CMA)已经成为社会共识。近年来,为了贯彻"放管服"改革要求,市场监管总局(国家认监委)陆续出台了一系列改革措施,不断推动检验检测机构资质管理制度的改革完善。

2019 年 10 月,为深入贯彻"放管服"改革要求,认真落实"证照分离"工作部署,进一步推进检验检测机构资质认定改革,创新完善检验检测市场监管体制机制,优化检验检测机构准入服务,加强事中事后监管,营造公平竞争、健康有序的检验检测市场营商环境,充分激发检验检测市场活力,市场监管总局发布了《市场监管总局关于进一步推进检验检测机构资质认定改革工作的意见》(国市监检测〔2019〕206 号),出台了一系列资质认定制度改革措施,主要包括:

1. 依法界定检验检测机构资质认定范围,逐步实现资质认定范围清单管理

(1)法律、法规未明确规定应当取得检验检测机构资质认定的,无须取得资质认定。对于仅从事科研、医学及保健、职业卫生技术评价服务、动植物检疫以及建设工程质量鉴定、房屋鉴定、消防设施维护保养检测等领域的机构,不再颁发资质认定证书。已取得资质认定证书的,有效期内不再受理相关资质认定事项申请,不再延续资质认定证书有效期。《检验检测机构资质认定管理办法》(修正案)第五条规定:"法律、行政法规规定应当取得资质认定的事项清单,由市场监管总局制订并公布,并根据法律、行政法规的调整实行动态管理。"市场监管总局将实行"资质认定范围清单管理"。

(2)法律、行政法规对检验检测机构资质管理另有规定的,应当按照国务院有关要求实施检验检测机构资质认定,避免相同事项的重复认定、评审。

2. 推行告知承诺制度

在检验检测机构资质认定工作中,对于检验检测机构能够自我承诺符合告知的法定资质认定条件,市场监管总局和省级市场监管部门通过事中事后予以核查纠正的许可事项,采

取告知承诺方式实施资质认定。具体工作按照国务院有关要求和市场监管总局制订的《检验检测机构资质认定告知承诺实施办法(试行)》实施。

《检验检测机构资质认定管理办法》(修正案)第十条规定:“检验检测机构资质认定程序分为一般程序和告知承诺程序。”告知承诺已被列入《检验检测机构资质认定管理办法》,作为行政许可制度的一项工作程序。

3. 优化准入服务,便利机构取证

(1)检验检测机构申请延续资质认定证书有效期时,对于上一许可周期内无违法违规行为、未列入失信名单并且申请事项无实质变化的,市场监管总局和省级市场监管部门可以采取形式审查方式;对于符合要求的,予以延续资质认定证书有效期,无须实施现场评审。

(2)检验检测机构申请无须现场确认的机构法定代表人、最高管理者、技术负责人、授权签字人等人员变更或者无实质变化的有关标准变更时,可以自我声明符合资质认定相关要求,并向市场监管总局或者省级市场监管部门报备。

(3)对于选择一般资质认定一般程序的,压缩行政许可申请受理、技术评审等时限;全面推行检验检测机构资质认定网上许可系统,逐步实现申请、许可、发证全过程电子化。

4. 整合检验检测机构资质认定证书,实现检验检测机构“一家一证”

(1)逐步取消检验检测机构以授权名称取得的资质认定证书,以在机构实体取得的资质认定证书上背书的形式保留其授权名称;检验检测机构与其依法设立的分支机构实行统一质量体系管理的,按照机构自愿申请原则,试点推行证书“一体化”管理,资质认定证书附分支机构地点以及检验检测能力。

(2)检验检测机构具有的检验检测基本条件、技术能力、资质认定信息等相关内容统一接入对外公布的全国检验检测机构大数据平台,纳入全国检验检测服务业统计工作。

随着一系列检验检测机构资质认定改革措施的推出和实施,检验检测机构资质认定的审批效率显著提升,机构准入更加便捷,市场主体大幅增加,市场环境持续优化。为了落实国务院“放管服”改革的最新部署要求,进一步深化和推进检验检测机构资质认定改革,充分激发检验检测市场活力,使已有的检验检测机构资质认定改革措施和成果制度化、法制化,并为在更大范围内复制和推广相关改革举措提供法规层面的依据,按照实施更加规范、要求更加明确、准入更加便捷和运行更加高效的原则,对《检验检测机构资质认定管理办法》(2015 年 4 月 9 日国家质量监督检验检疫总局令第 163 号公布)的部分条款进行了修改,内容主要涉及告知承诺制度、实施范围、优化服务、固化疫情防控措施等四个方面。此外,为强化检验检测机构事中事后监管,进一步规范检验检测市场,将《检验检测机构资质认定管理办法》中关于检验检测机构从业规范、监督管理、法律责任的相关内容调整至《检验检测机构监督管理办法》(国家市场监督管理总局令第 39 号)。《检验检测机构资质认定管理办法》(修正案)与《检验检测机构监督管理办法》(2021 年 6 月 1 日起施行)形成一套组合拳,进一步加强了对检验检测机构资质认定的管理和监督。

这些资质认定改革措施的发布实施,将有力解决许可评审时限长、程序繁、重复认定等问题,完善检验检测机构资质认定制度,进一步激发检验检测市场活力,促进检验检测机构朝着市场化、国际化、专业化、集约化、规范化方向发展。

任务三 实验室认可的起源、发展和现状

一、实验室认可的起源和发展

实验室认可这一概念的产生可以追溯到七十多年前。当时,作为英联邦成员之一的澳大利亚由于缺少一致的检测标准和手段,在第二次世界大战中不能为英军提供军火。为此,在“二战”后他们便运用实验室认可手段着手建立一致的检测体系。1947 年,澳大利亚建立了世界上第一个国家实验室认可体系,并成立了认可机构——澳大利亚国家检测机构协会(NATA)。20 世纪 60 年代英国也建立了实验室认可机构,从而带动了欧洲各国实验室认可机构的建立。20 世纪 70 年代,美国、新西兰和法国等国家也开展了实验室认可活动。20 世纪 80 年代实验室认可发展到东南亚的新加坡、马来西亚等国家。20 世纪 90 年代更多的发展中国家(包括我国)也加入了建立实验室认可体系的行列。

在各个国家纷纷建立实验室认可制度以保证和提高实验室的技术能力和管理水平并促进贸易发展的同时,国家之间实验室认可机构的协调问题引起了关注。如果每个国家实验室认可制度中的认可依据、认可程序各不相同,那么认可的结果就没有可比性,对实验室检测结果的承认和接受也只能限于认可其能力的认可组织所在的国家或地区内部,国际贸易中的重复检测也就不可避免。这样,认可活动不但不能促进国际贸易,反而形成了新的技术性贸易壁垒,这也背离了建立实验室认可制度、开展实验室认可活动的初衷。在这种背景下,以协调各国认可机构的运作并以促进对获得认可的实验室检测和校准结果相互承认为主要目的的国际和区域实验室认可合作机构应运而生。

20 世纪 70 年代初,在欧洲出现了区域性的实验室认可合作组织,经过不断发展,目前国际上已成立了亚太实验室认可合作组织(APLAC)、欧洲认可合作组织(EA)、美洲认可合作组织(IAAC)和南部非洲认可发展合作组织(SADCA)等与实验室认可有关的区域组织。同时,为了推进国际范围内实验室认可活动的合作与互认,国际实验室认可论坛 1977 年在丹麦哥本哈根成立,简称 ILAC,并于 1996 年在荷兰阿姆斯特丹由一个松散的论坛形式转变成一个实体,即国际实验室认可合作组织,简称仍为 ILAC。

二、国际和区域实验室认可合作组织

(一)国际实验室认可合作组织(ILAC)

国际实验室认可合作组织的前身是国际实验室认可大会,始创于 1977 年。1996 年,世界上 44 个实验室认可机构在荷兰的阿姆斯特丹签署“谅解备忘录”,宣告了国际实验室认可合作组织的成立。

ILAC 通过建立相互同行评审制度,形成国际多边互认机制,并通过多边协议促进对认可的实验室结果的利用,从而减少技术壁垒。截至 2013 年,包括我国在内的 81 个实验室认

可机构成为国际实验室认可合作组织的正式成员，并签署了多边互认协议，为逐步结束国际贸易中重复检测的历史，实现产品“一次检测、全球承认”的目标奠定了基础。

(二)区域实验室认可合作组织

由于地域的原因，在国际贸易中相邻的国家/地区之间和区域内的双边贸易占了很大份额。为了减少重复检测促进贸易的共同目的，在经济区域范围内建立的实验室认可机构合作组织被各国政府和实验室认可机构所关注，这些组织开展的活动也更活跃、更实际。

1. 亚太实验室认可合作组织(APLAC)

亚太实验室认可合作组织(APLAC)于 1992 年在加拿大成立，原中国实验室国家认可委员会(CNACL)和原中国国家进出口商品检验实验室认可委员会(CCIBLAC)作为发起人之一参加了 APLAC 的第一次会议，并于 1995 年 4 月作为 16 个成员之一首批签署了 APLAC 的认可合作谅解备忘录(MOU)。MOU 的签约组织承诺加强合作，并向进一步签署多边承认协议方向迈进。

APLAC 正式成立以来，一直把主要的精力放在发展多边承认协议(MRA)方面。因为 APLAC 的最终目的是通过 MRA 来实现各经济体互相承认对方实验室的数据和检测报告，从而推动自由贸易和实现 WTO/TBT 中减少重复检测的目标。在 APLAC/MOU 中列举的 12 项目标中就有 5 项直接关系到 MRA。

2. 欧洲认可合作组织(EA)

欧洲实验室认可合作组织(EAL)成立于 1994 年，其前身是 1975 年成立的西欧校准合作组织(WECC)和 1989 年成立的西欧实验室认可合作组织(WELAC)；1997 年 EAL 又与欧洲认证机构认可合作组织(EAC)合并组成欧洲认可合作组织(EA)，参加者有欧洲共同体各国的 20 多个实验室认可机构。

(三)实验室认可的相互承认协议(MRA)

为了消除区域内成员国间的非关税技术性贸易壁垒，减少不必要的重复检测和重复认可，EA 和 APLAC 都在致力于发展实验室认可的相互承认协议，即促进一个国家地区经认可的实验室所出具的检测或校准的数据与报告可被其他签约机构所在国家地区承认和接受。签署 MRA 协议的各认可机构应遵循以下原则：

(1)认可机构完全按照有关认可机构运作基本要求的国际标准(ISO/IEC 17011:2017)运作并保持其符合性。

(2)认可机构保证其认可的实验室持续符合有关实验室能力通用要求的国际标准(ISO/IEC 17025:2017)。

(3)被认可的校准或检测服务完全由可溯源到国际基准(SI)的计量器具所支持。

(4)认可机构已成功地组织开展了实验室间的能力验证活动。

(四)中国合格评定国家认可委员会(CNAS)互认活动

中国合格评定国家认可委员会是国际认可论坛(IAF)、国际实验室认可合作组织(ILAC)、亚太实验室认可合作组织(APLAC)和太平洋认可合作组织(PAC)的正式成员。中国合格评定国家认可制度在国际认可活动中有着重要的地位，其认可活动已融入国际认可互认体系，并发挥着重要的作用。

CNAS 作为 ILAC MRA 的签署方，经过 ILAC 批准，CNAS 可在签署互认协议范围内使用联合标识，其认可结果得到其他协议签署方的承认。

项目拓展实训

1. 查阅相关资料，了解 ISO(国际标准化组织)和 IEC(国际电工委员会)的起源、发展、现状以及其职责。

2. 查阅相关资料，简述标准的种类和分级。

项目二
资质认定和认可的组织实施及程序

学习目标

(1)了解我国资质认定机构及其职责。

(2)了解我国认可机构的发展史及其职责。

(3)掌握资质认定和实验室认可的条件及程序。

任务一　我国资质认定和认可的机构及其职责

一、我国资质认定机构及其职责

根据《检验检测机构资质认定管理办法》(修正案)的规定，国家市场监督管理总局(以下简称国家市场监管总局)主管全国检验检测机构资质认定工作，并负责检验检测机构资质认定的统一管理、组织实施、综合协调工作。省级市场监督管理部门负责本行政区域内检验检测机构的资质认定工作。

上述部门的管理职责具体来讲：

1. 国家市场监管总局主管全国检验检测机构资质认定工作

主要是制订发布关于检验检测机构资质认定的部门规章、规范性文件，并对其进行解释。国家市场监管总局认可检测司具体负责检验检测机构资质认定的统一管理、组织实施、综合协调工作。主要体现在以下方面：

(1)起草关于检验检测机构资质认定的部门规章，制订发布资质认定基本规范和其他规范性文件，如《检验检测机构资质认定评审准则》等。

(2)组织实施国务院有关部门以及相关行业主管部门依法成立的检验检测机构及其分支机构的资质认定，对取得资质认定的检验检测机构实施监督管理，对检验检测机构资质认定活动中的违法行为进行行政处罚。

(3)对省级市场监督管理部门实施的资质认定工作进行监督和指导。

2. 省级市场监督管理部门负责本行政区域内检验检测机构的资质认定工作

主要体现在以下方面：

(1)受理并实施本行政区域内检验检测机构的资质认定(由国家市场监管总局组织实施的机构除外)，对取得资质认定的检验检测机构实施监督管理，对检验检测机构资质认定活动中的违法行为进行查处。

(2)对资质认定评审员及技术评审活动进行监督与管理。

(3)定期向国家市场监管总局报送年度资质认定工作情况、监督检查结果、统计数据等相关信息。

二、我国认可机构及其职责

(一)认可机构

中国合格评定国家认可委员会(CNAS)是根据《中华人民共和国认证认可条例》的规定，由国家认证认可监督管理委员会(CNCA)批准设立并授权的国家认可机构，统一负责对认证机构、实验室和检验机构等相关机构的认可工作。其组织机构包括：全体委员会、执行委员会、认证机构专门委员会、实验室专门委员会、检验机构专门委员会、评定专门委员会、申诉专门委员会、最终用户专门委员会和秘书处，根据需要还可增设其他专门委员会。全体委员会由与认可工作有关的政府部门、合格评定机构、合格评定服务对象、合格评定使用方

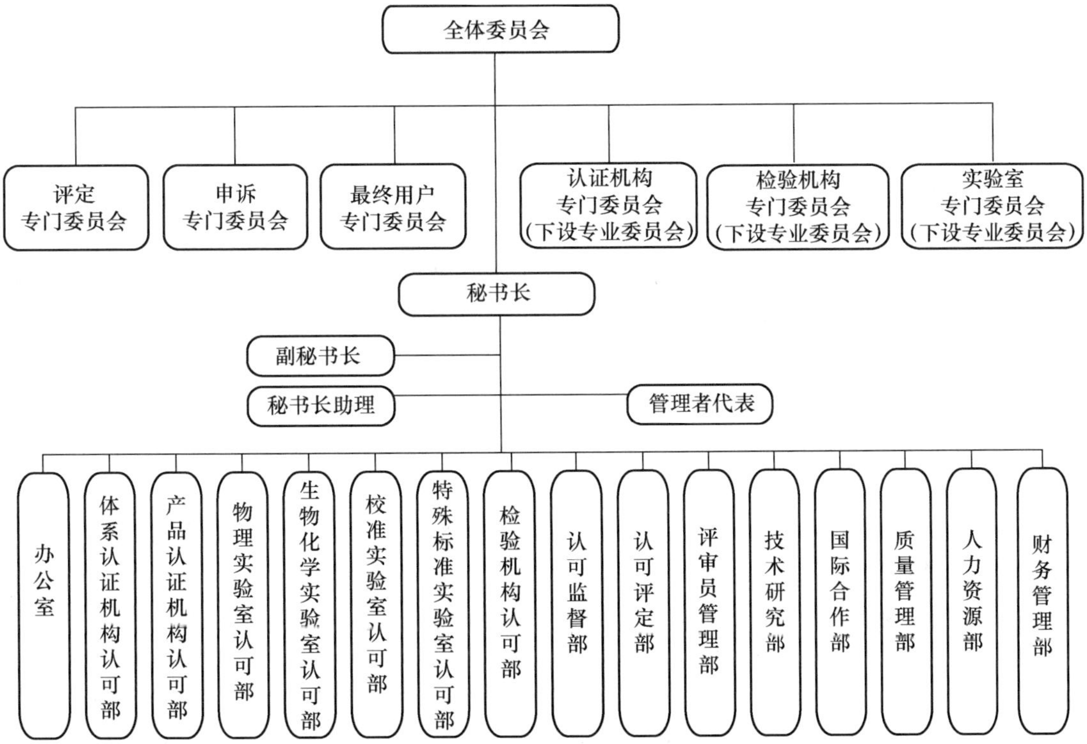

图 2-1　CNAS 组织架构图

和相关的专业机构与技术专家等方面代表组成(图 2-1)。全体委员会的构成符合利益均衡的原则,任何一方均不占支配地位。

全体委员会的委员组成由国家认证认可监督管理委员会批准,委员人选由委员单位推荐,每届任期 4 年。全体委员会委员可根据需要进行增补,增补的程序与初始产生的程序相同。全体委员会设主任一名、常务副主任一名、副主任若干名,由全体委员会选举产生,每届任期 4 年;执行委员会由全体委员会主任、常务副主任、副主任及秘书长组成,每届任期 4 年。全体委员会主任为执行委员会主任,全体委员会常务副主任为执行委员会副主任,全体委员会副主任及秘书长为执行委员会委员。

认证机构专门委员会、实验室专门委员会和检验机构专门委员会是由全体委员会批准设立的专门委员会,按照利益均衡原则,主要由相关的利益方代表组成。评定专门委员会和申诉专门委员会是由全体委员会批准设立的专门工作机构,由相关人员组成。根据工作需要,经全体委员会或执行委员会批准,可增设其他的专门委员会。

秘书处为 CNAS 的常设执行机构,设在中国合格评定国家认可中心,为 CNAS 的法律实体,设秘书长一名、副秘书长若干名。

(二)认可机构的职责

1. 全体委员会及各分支委员会的职责

全体委员会是 CNAS 的最高权力机构,对认可体系的建立和运行全面负责,包括以下方面:

(1)制订 CNAS 章程。

(2)批准发布 CNAS 的方针、政策、规则和准则等重要认可文件。

(3)监督 CNAS 方针、政策、规则和准则等的实施。

(4)监督认可工作的财务状况。

(5)决定认可资格。

(6)监督与外部机构签订协议。

(7)设立并授权专门委员会、专门工作机构负责开展相关的活动。

(8)授权秘书长负责秘书处的工作。

(9)决定 CNAS 的其他重要事项。

全体委员会每年至少召开一次会议。会议应有三分之二及以上委员出席,且各利益方均有委员出席,其决议须有超过参会委员半数同意方为有效。执行委员会在全体委员会闭会期间履行全体委员会授予的职责。

认证机构专门委员会、实验室专门委员会和检验机构专门委员会的职责是负责审议或批准相应认可领域的认可规则、准则、指南和方案等公开文件,对相应认可规则、准则和指南文件的实施进行技术指导,向全体委员会提出相关建议。根据工作需要,认证机构专门委员会、实验室专门委员会和检验机构专门委员会可设立若干专业委员会,承担相应的专业技术工作。

评定委员会的职责是根据认可规则和准则等要求,对认可评审的结论及相关信息进行审查,并做出有关是否批准、保持、扩大、缩小、暂停、撤销认可资格的决定意见。申诉专门委员会的职责是对认可申诉组织进行调查，并做出认可申诉处理的决定。最终用户专门委员会的职责是向 CNAS 提出有关建议和意见，反馈有关合格评定结果的信息。

2. 秘书处的职责

秘书处负责开展 CNAS 的日常工作，对 CNAS 的工作承担法律责任，主要职责为：

(1)执行全体委员会的决议，并向全体委员会报告工作。

(2)编制认可规则、准则和指南等认可工作的公开文件。

(3)制订和实施内部管理体系文件。

(4)签订与外部机构的协议。

(5)受理认可申请，组织认可评审，签发认可证书，实施认可后续监督。

(6)受理认可申诉处理认可投诉。

(7)开展认可相关的其他活动。

任务二　资质认定和认可文件体系

一、资质认定文件体系

(一)法律法规依据

国家层面的法律法规依据包括《中华人民共和国计量法》及其实施细则，《中华人民共和国认证认可条例》《检验检测机构资质认定管理办法》(修正案)《检验检测机构监督管理办法》等。

另外，部分地方也发布了相关法规，如《上海市检验检测条例》《浙江省检验机构管理条例》等。

(二)评审依据

常见的资质认定评审依据有：

(1)《检验检测机构资质认定评审准则》。

(2)食品检验机构。关于印发《食品检验机构资质认定条件》的通知(食药监科〔2016〕106 号)。

(3)医疗器械检验机构。关于印发《医疗器械检验机构资质认定条件》的通知(食药监科〔2015〕249 号)。

(4)刑事技术机构。关于印发《检验检测机构资质认定　刑事技术机构评审补充要求》的通知(国认实〔2016〕71 号)。

(5)生态环境监测机构。关于印发《检验检测机构资质认定　生态环境监测机构评审补充要求》的通知(国市监检测〔2018〕245 号)。

(6)机动车检验机构。关于印发《机动车检验机构资质认定评审补充技术要求》的通知(市监检测发〔2022〕111 号)。

从上述国家发布的涉及资质认定评审的相关文件中可知，资质认定评审的模式为 A＋B，

A 为国家颁布的《检验检测机构资质认定评审准则》，B 为特定行业对检验检测机构的补充要求。

随着国家认证认可事业的健康快速发展，资质认定改革步伐不断加快。在收集和学习资质认定相关文件时，需注意核实其是否现行有效，确保使用最新有效版本。

二、CNAS 的认可文件体系

CNAS 的认可规范文件由认可规则、准则、指南和认可方案四部分组成。包括适用于 CNAS 全部认可制度的通用认可规则和适用于特定认可制度的专用认可规则，适用于 CNAS 特定认可制度的基本认可准则和适用于特定认可制度中某些专业领域的应用说明、应用指南、认可指南和认可方案。

（一）认可规则（R 系列）

CNAS 根据法规及国际组织等相关要求制订的实施认可活动的政策和程序，包括通用规则和专用规则。认可规则是认可机构运作和认可对象获得和维持认可资格需要满足的强制性要求。

（二）认可准则（C 系列）

CNAS 为规范认可对象的合格评定活动制订的要求，是认可对象获得和维持认可资格需要满足的强制性要求，包括基本准则和专用准则。

（三）认可指南（G 系列）

CNAS 为认可对象提供的，能够满足或达到认可规则、认可准则等要求的建议或指导性文件。

（四）认可方案（S 系列）

CNAS 根据法律法规或制度所有者等方面的要求，对特定认可制度适用的认可规则、认可准则和认可指南的补充。

此外，随着服务和需求的升级，CNAS 又出台了认可说明（E 系列）、技术报告（TR 系列）、认可制度体系表等。

CNAS 的认可规范文件可参考 CNAS 官网定期发布的最新认可规范文件。

任务三　资质认定和实验室认可的条件和程序

一、资质认定的条件和程序

（一）资质认定的条件

依据《检验检测机构资质认定管理办法》（修正案），申请资质认定的检验检测机构应当符合以下条件：

（1）依法成立并能够承担相应法律责任的法人或者其他组织。

（2）具有与其从事检验检测活动相适应的检验检测技术人员和管理人员。

(3)具有固定的工作场所,工作环境满足检验检测要求。

(4)具备从事检验检测活动所必需的检验检测设备设施。

(5)具有并有效运行保证其检验检测活动独立、公正、科学、诚信的管理体系。

(6)符合有关法律法规或者标准、技术规范规定的特殊要求。

(二)资质认定的程序

依据《检验检测机构资质认定管理办法》(修正案),检验检测机构资质认定程序分为一般程序和告知承诺程序。除法律、行政法规或者国务院规定必须采用一般程序或者告知承诺程序的除外,检验检测机构可以自主选择资质认定程序。检验检测机构资质认定推行网上审批,有条件的市场监督管理部门可以颁发资质认定电子证书。

1. 资质认定的一般程序和告知承诺程序

(1)申请资质认定的检验检测机构(以下简称申请人),应当向国家市场监管总局或者省级市场监督管理部门(以下统称资质认定部门)提交书面申请和相关材料,并对其真实性负责。

(2)资质认定部门应当对申请人提交的申请和相关材料进行初审,自收到申请之日起5个工作日内作出受理或者不予受理的决定,并书面告知申请人。

(3)资质认定部门自受理申请之日起,应当在30个工作日内,依据检验检测机构资质认定基本规范、评审准则的要求,完成对申请人的技术评审。技术评审包括书面审查和现场评审(或者远程评审)。技术评审时间不计算在资质认定期限内,资质认定部门应当将技术评审时间告知申请人。由于申请人整改或者其他自身原因导致无法在规定时间内完成的情况除外。

(4)资质认定部门自收到技术评审结论之日起,应当在10个工作日内,做出是否准予许可的决定。准予许可的,自做出决定之日起7个工作日内,向申请人颁发资质认定证书。不予许可的,应当书面通知申请人,并说明理由。

采用告知承诺程序实施资质认定的,按照国家市场监管总局有关规定执行。

资质认定部门做出许可决定前,申请人有合理理由的,可以撤回告知承诺申请。告知承诺申请撤回后,申请人再次提出申请的,应当按照一般程序办理。

2. 资质认定现场评审方式

资质认定现场评审方式适用于首次评审、扩项评审、复查换证评审以及发生变更的事项影响其符合资质认定条件和要求的变更评审。

(1)首次评审。对未获得资质认定的检验检测机构,在其建立和运行管理体系后提出申请,资质认定部门对其人员、检验检测技术能力、场所环境、设备设施、管理体系以及机构主体等方面是否符合资质认定要求进行审查。

(2)扩项评审。对已获得资质认定的检验检测机构,申请增加资质认定检验检测项目,资质认定部门对其人员、检验检测技术能力、场所环境、设备设施、管理体系以及机构主体等方面是否符合资质认定要求进行审查。

(3)复查换证评审。对已获得资质认定的检验检测机构,在资质认定证书有效期届满前三个月申请办理证书延续,资质认定部门对其人员、检验检测技术能力、场所环境、设备设施、管理体系以及机构主体等方面是否符合资质认定要求进行审查。

(4)变更评审。对已获得资质认定的检验检测机构,其组织机构、工作场所、关键人员、技术能力等依法需要办理变更的事项发生变化,资质认定部门对其人员、检验检测技术能力、场所环境、设备设施、管理体系以及机构主体等方面是否符合资质认定要求进行审查。

二、实验室认可的条件和程序

(一)实验室认可的条件

根据 CNAS-RL01《实验室认可规则》,申请人应在遵守国家的法律法规、诚实守信的前提下,自愿申请认可。CNAS 依据有关认可准则等要求对申请人申请的认可范围,实施评审并作出认可决定。申请人必须满足下列条件方可获得认可:

(1)具有明确的法律地位,具备承担法律责任的能力。

(2)符合 CNAS 颁布的认可准则和相关要求。

(3)遵守 CNAS 认可规范文件的有关规定,履行相关义务。

(二)实验室认可的程序

实验室认可流程包括:建立管理体系、提交申请、作出受理决定、文件评审、现场评审、整改验收、批准发证、后续工作八个步骤。

1. 建立管理体系

实验室若申请 CNAS 认可,首先要依据 CNAS 的认可准则,建立管理体系。

实验室的管理体系至少要正式、有效运行 6 个月后,进行覆盖管理体系全范围和全部要素的完整的内审和管理评审。

2. 提交申请

申请人可以用任何方式向 CNAS 秘书处表示认可意向,如来访、电话、传真以及其他电子通信方式等。

申请人在自我评估满足认可条件后,按 CNAS 秘书处的要求提供申请资料,并交纳申请费用。

3. 作出受理决定

CNAS 秘书处审查申请人提交的申请资料,作出是否受理的决定并通知申请人。必要时,CNAS 秘书处将安排初访以确定能否受理申请,初访所产生的费用由申请人承担。

在资料审查过程中,CNAS 秘书处应将所发现的与认可条件不符合之处通知申请人,但不做咨询。申请人应在规定期限内对提出的问题予以澄清或修改申请资料。自第 1 次向申请人反馈问题起,超过 3 个月仍不能满足受理条件的,不予受理认可申请。

一般情况下,CNAS 秘书处在受理申请后,应在 3 个月内安排评审,但由于申请人原因造成延误的除外。如果由于申请人自身的原因,在申请受理后 3 个月内不能接受现场评审,CNAS 可终止认可过程,不予认可。

4. 文件评审

CNAS 秘书处受理申请后,将安排评审组长审查申请资料。只有当文件评审结果基本符合要求时,才可安排现场评审。

文件评审发现的问题，CNAS秘书处应反馈给申请人。必要时，CNAS秘书处将安排预评审以确定能否安排现场评审，由此产生的费用由申请人承担。

5. 现场评审

CNAS秘书处以公正性为原则，根据申请人的申请范围（如检测/校准/鉴定专业领域）、实验室场所与规模等组建具备相应技术能力的评审组，并征得申请人同意。除非有证据表明某评审员有影响公正性的可能，否则申请人不得拒绝指定的评审员。需要时，CNAS秘书处可在评审组中委派观察员。

评审组依据CNAS的认可准则、规则、要求、实验室管理体系文件及有关技术标准对申请人申请范围内的技术能力和质量管理活动进行现场评审。现场评审应覆盖申请范围所涉及的所有活动及相关场所。现场评审时间和人员数量根据申请范围内检测/校准/鉴定场所、项目/参数、方法、标准/规范等数量确定。

一般情况下，现场评审的过程包括：

(1)首次会议。

(2)现场参观(需要时)。

(3)现场取证。

(4)评审组与申请人沟通评审情况。

(5)末次会议。

评审组现场评审时，如发现被评审实验室在相关活动中存在违反国家有关法律法规或其他明显有损于CNAS声誉和权益的情况，应及时报告CNAS秘书处。如被评审实验室存在上述问题或未履行CNAS规定的义务，情况严重时，CNAS有权终止认可过程，并采取相应处理措施。

评审组长应在现场评审末次会议上，将现场评审结果提交给被评审实验室。对于评审中发现的不符合项，被评审实验室应及时实施纠正，需要时采取纠正措施，纠正/纠正措施通常应在2个月内完成。评审组应对纠正/纠正措施的有效性进行验证。如需进行现场验证时，被评审实验室应予配合，支付评审费，并承担其他相关费用。

纠正/纠正措施验证完毕后，评审组长将最终评审报告和推荐意见报CNAS秘书处。

6. 整改验收

现场评审后，评审组长或其指定的评审员对实验室的纠正措施进行跟踪验证，并确认其是否有效。跟踪验证所采取的方式取决于不符合项的性质，整改期限一般为2个月。对于监督评审和复评审，影响检测结果的不符合项(涉及技术能力的不符合项)要在1个月内完成整改。

与资质认定同步评审时，整改期限应执行资质认定要求，为30个工作日。

在以下情况下，评审组会考虑对不符合项的整改进行现场验证，且一般情况下，现场验证由原评审组进行：

(1)涉及影响结果的有效性和实验室诚信性的。

(2)涉及环境设施不符合要求，并在短期内能够得到纠正的。

(3)涉及仪器设备故障，并在短期内能够得到纠正的。

(4)涉及人员能力,并在短期内能够得到纠正的。

(5)对整改材料仅进行书面审查不能确认其整改是否有效的。

7. 批准发证

CNAS秘书处向获准认可实验室颁发认可决定通知书以及认可证书,并在CNAS网站公布获准认可实验室的认可状态信息、基本信息和认可范围并及时更新。

8. 后续工作

(1)扩大认可范围。获准认可实验室在认可有效期内可以向CNAS秘书处提出扩大认可范围的申请。下列情形(但不限于)均属于扩大认可范围:

①增加检测/校准/鉴定方法、依据标准/规范、检测/鉴定对象/校准仪器、项目/参数。

②增加检测/校准/鉴定场所。

③扩大检测/校准/鉴定的测量范围/量程。

④取消限制范围。

CNAS秘书处根据情况可在监督评审、复评审时对申请扩大的认可范围进行评审,也可根据获准认可实验室需要,单独安排扩大认可范围的评审。当获准认可实验室需要在监督评审或复评审的同时扩大认可范围时,应至少在现场评审前2个月提出扩大认可范围的申请。

扩大认可范围的认可程序与初次认可相同,必须经过申请、评审、评定和批准。扩大认可范围申请的受理与评审要求,与初次认可申请相同。

CNAS秘书处原则上不允许评审组在现场评审时受理实验室提出的扩大认可范围的申请。批准扩大认可范围的条件与初次认可相同,获准认可实验室在申请扩大认可的范围内必须具备相应技术能力,符合认可准则所规定的要求。

(2)监督评审。监督评审分定期监督评审和不定期监督评审。监督评审的目的是为了证实获准认可实验室在认可有效期内持续符合认可要求,并保证在认可规则和认可准则或技术能力变化后,能够及时采取措施以符合变化的要求。获准认可实验室均须接受CNAS的监督评审。初次获准认可的实验室应在认可批准后的12个月内接受CNAS安排的定期监督评审。CNAS也可视需要随时安排对实验室的不定期监督评审。

监督评审中如发现获准认可实验室不能持续符合认可条件,CNAS应要求其限期整改,情况严重的可立即予以暂停、缩小认可范围或撤销认可。

(3)复评审。对于已获准认可的实验室,应每2年(每24个月)接受一次复评审,评审范围涉及认可要求的全部内容、已获准认可的全部技术能力。复评审不需要获准认可实验室提出申请。

复评审采用现场评审的方式,评审要求和现场评审程序与初次认可相同。对于现场评审中发现不符合项的整改时限和要求与定期监督评审相同。

(4)认可变更。实验室获得认可后,有可能会发生实验室名称、地址、组织机构、技术能力(如主要人员、认可方法、设备、环境)等变化的情况,这些变化均要及时通报CNAS秘书处。根据实验室的意愿,CNAS安排的变更确认也可与定期监督评审或复评审合并进行。

在认可有效期内，实验室如不能持续符合认可要求，CNAS将对实验室采取暂停或撤销认可的处理。被暂停认可后，实验室如要恢复认可，需书面提交恢复认可申请。暂停期内实验室如不能恢复认可（完成评审、批准环节），则将被撤销认可。

实验室认可具体评审工作流程可参阅CNAS-RL01《实验室认可规则》和CNAS-GL001《实验室认可指南》。

项目拓展实训

1. 查阅相关资料，制作检验检测机构资质认定流程图。

2. 结合实验室实际情况，明确实验室认可程序，制作该实验室认可流程图，并写出需要提供的资料名称。

项目三
实验室管理体系的建立

学习目标

(1)了解实验室管理和实验室管理体系的概念。
(2)掌握建立实验室管理体系的步骤。
(3)掌握实验室管理体系文件的构成和编写要求。

任务一　实验室管理体系的建立

一、管理体系概述

所谓“体系”即系统,系统的特点之一就是通过各分系统(过程)协同作用、互相促进使总体作用大于各分系统作用之和。系统方法实际上包括系统分析、系统工程、系统管理三个环节,从分析客观事实、数据资料入手到确定优化目标;然后通过系统工程,设计策划为实现目标应采取的措施和步骤及资源配置计划,形成完整方案;最后通过系统管理取得运行结果的有效性和高效率。

管理体系是指组织建立其方针和目标,并将组织内各个过程在建立的方针和目标的统一指引下,系统、有序地实施并有效地运行,以满足预定目标的整个系统。

管理体系可以是组织管理体系的一个单独的领域,如环境管理体系;也可以涉及若干个领域,如质量、环境、职业健康安全、能源、财务管理体系。管理体系的范围由最高管理者确定,并以文件信息规定,可以包括整个组织,也可以是特定的和被组织指定的一个或多个部门。

管理体系是一个系统化的有机整体,体系中各要素各有功能,互相联系,组成一个整体;通过对要素有序的控制,可以达到有效管理的目的。管理体系要素包括组织结构、角色和职责、策划和运行、绩效评估和改进等。

管理体系标准的特点是:

只提要求——最低要求

不提方法——结合组织的实际进行策划

管理体系的特点是：

自律性——自我管理、持续改进

通用性——国际规则，共同遵守的惯例

系统性——全面、综合以及全过程管理

兼容性——易于整合与吸收其他管理体系

组织实施管理体系的意义在于：

对内——规范管理

对外——提供信任

实施“管理体系”的主要措施有：

(1)确保质量管理过程顺序和相互作用，使体系各过程相互协调。

(2)特别关注体系内关键和特定过程，规定相应的方法和程序。

(3)通过对管理体系进行分析和评审，采取措施持续改进体系。

二、实验室管理和实验室管理体系

(一)实验室管理概述

实验室管理是指导人们管理实验室及其活动的一门科学，是现代管理学中的一个分支，是在社会发展、技术进步、实验室的发展过程中发展起来的新兴学科。它运用自然科学、社会科学、人文科学、实验科学以及其他相关学科的原理和方法，研究实验室运行过程中各项活动的基本规律和方法。其研究的内容既包含社会科学又包含现代新兴科学，同时又是一门应用科学，体现了理论性、实践性的统一与结合。

实验室管理起源于20世纪中叶。1986年在日内瓦成立的“世界实验室组织”，推动了世界性的实验室管理和实验室技术的广泛交流，实验室管理逐步发展为一门独立的管理学分支。尽管其发展历史仅有几十年的时间，但由于实验室在现代科学技术发展中的特殊作用，实验室管理事业快速发展。

实验室管理的对象是与实验室有关的人、事、物、信息、经费等，涉及实验室工作的全部活动。主要包括实验室设置模式与管理体制、管理机构与职能、实验室建设与规划、实验室人力资源与质量管理、设备与试剂管理、实验室资料管理与安全管理等。

(二)实验室管理体系的概念和构成

1. 实验室管理体系的概念

实验室依据自身质量方针和质量目标的需要，准备必要的条件(人员、设备、设施、环境等资源)，然后通过设置组织机构、分析确定开展检验检测所需的各项活动(过程)，分配协调各项活动的职责和接口，通过管理体系文件的编制，给出从事各项活动的工作流程和方法，使各项活动(过程)能合法、经济、有效、协调地进行，这样组成的有机整体就称为实验室管理体系(术语“管理体系”在CNAS-CL01:2006《检测和校准实验室能力认可准则》中是指控制实验室运作的质量、行政和技术体系)。

2. 实验室管理体系的构成

实验室管理体系由组织结构、职责、程序、过程和资源五个基本要素组成。

(1)组织结构。实验室应确定实验室的组织和管理结构、其在母体组织中的位置,以及管理、技术运作和支持服务间的关系。

组织结构是指实验室人员的职责、权限和相互关系的安排,这种安排通常是有序的。设置组织结构时应注意管理层次、管理幅度、分工形式、职能设置及分类、区域分布情况和人员素质结构。组织结构的正式表达通常在质量手册或项目的质量计划中提供。

(2)职责。职责中应规定实验室各个部门和相关人员的岗位责任,在管理体系和工作中应承担的任务和责任,以及对工作中的失误应负的责任。

实验室必须以过程为主线,通过协调把各个过程的责任逐级落实到各职能部门和各层次的人员,应至少包括管理人员、执行人员和核查人员三个层次。职责划分时应把握全覆盖、不空缺、不重叠的原则,并且要注意以下三点:

①既要明确,又要相互衔接、协调。

②要防止多头领导,多头指挥。

③对管理工作独立行使权力者,要详细规定其职责,并明确任职条件。

职责中应明确与检验检测有关的各项活动(直接/间接),应明确各项管理活动的控制要求,应明确划分管理职能,应先部门、后岗位地明确落实管理职责,并且将职责制订成文件。

(3)程序。程序是指为完成某项具体工作所需要遵循的规定,并应加以文件化。包括两部分内容:一方面规定按顺序开展所承担活动的细节,包括对应工作的要求——何事(What)、何人(Who)、何时(When)、何处(Where)、何故(Why)、如何控制(How),即5W1H;另一方面规定如何进行控制和记录,以及对人员(M)、设备(M)、材料(M)、检验检测方法(M)和环境(E)等进行控制和活动,即4M1E。

制订程序时应注意以下三点原则:

①实验室要对影响报告质量的各项质量活动(直接和间接)规定相应的程序。

②程序文件的描述要按质量手册中有关要素(一个或一组)所确定的原则加以展开。

③ 相关的程序文件之间要处理好协调和衔接关系。

(4)过程。过程是将输入转化为输出的一组彼此相关的资源和活动。一个复杂的大过程可以包含若干小过程,前一个(或几个)小过程输出即为下一个(或几个)小过程的输入,彼此间形成有规律的相互关联,所有过程构成一个封闭的质量环。任何工作都是经历过程而完成的,均存在着过程输入和过程输出,过程输入到输出将产生增值或转换。管理体系建立过程中要明确体系所涉及的所有过程及相互间的关系。

过程的特点有以下四个方面:

①所有过程均有输入和输出,输入是实施过程的基础,输出是完成过程的结果。

②完成过程,必须投入适当的资源和活动。

③应在各环节进行检查、评价、测量,对过程质量进行控制。

④过程是增值的,其价值的来源就是过程投入的资源和活动所应产生的结果,即成本核算。

评价管理体系时，必须对每一被评价的过程提出如下三个基本问题：

①过程是否被确定，过程程序是否被恰当地形成文件？

②过程是否被充分展开并按文件要求贯彻实施？

③在提供预期的结果方面，过程是否有效？

(5)资源。资源包括物质资源、人力资源、信息资源等，是管理体系运行的基础。

实验室为充分利用各类资源应主要考虑：人员素质提高，设备、仪器、设施维护、添置和更新，以及检验检测技术、检验检测方法、标准发展动态的有关信息跟踪研究。

实验室管理体系的五个组成要素彼此既相互独立又相互依存。程序是组织机构的继续和细化，也是职权的进一步补充；程序和过程是密切相关的，有了质量保证的各种程序性文件，有了规范的实验操作手册，才能保证检验检测过程的质量；实验室管理是通过对过程的管理来实现的，过程质量又取决于所投入的资源和活动，而活动的质量则是通过实施该项活动所采取的方法（或途径）予以保证，控制活动的有效途径和方法制订应在文件化的程序之中。

3. 实验室质量管理、技术运作和支持服务间的关系

实验室在组织机构图中对质量管理、技术运作和支持服务之间的关系做出清楚的描述，可保证管理体系的有效性（图 3-1）。

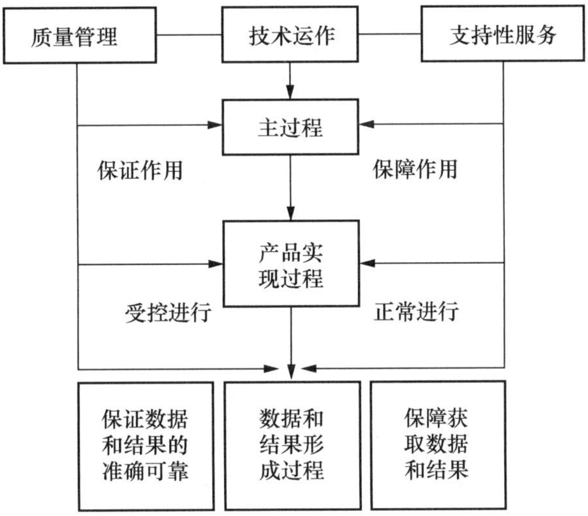

图 3-1　实验室质量管理、技术运作和支持性服务关系图

实验室质量管理是指实验室进行检验检测时，与工作质量有关的相互协调的活动，是管理层通过内部组织机构按照管理体系文件的规定，对质量活动、技术运作和行政管理工作进行决策、指导、协调、控制，包括制订质量方针和质量目标以及开展质量策划、质量控制、质量保证、质量改进，从而保证质量方针得以实施，满足客户需求，达到质量目标。

实验室的技术运作通过技术管理来实现，技术管理贯穿检验检测活动全过程。技术管理从识别客户的需求开始，将客户的需求转化为过程输入，利用人员、环境、设施、设备、计量溯源（系统）、外部供应品和服务等资源开展检验检测活动，通过合同评审、分包、方法选择、

抽样、样品处置、结果质量控制等检验检测活动，按照技术标准和规范对样品进行检验检测，得出数据和结果，直至向客户出具准确、清晰、明确、客观的检验检测报告的全过程管理。

实验室的支持性服务通过行政管理来实现。行政管理是指实验室法律地位的维持，法律责任的承担，组织机构的设置，检验检测活动范围的规定，人员的责任、权力和相互关系的明确，管理体系完整性的保持，客户和相关方要求沟通等。行政管理为实验室技术运作和质量管理提供支持服务：如协助提供管理体系所需的资源配备，包括设备、材料（包括消耗性材料）采购；设备维护及维修；环境条件保障；交通运输保障，以及员工生活保障等。

技术管理是实验室工作的主线；质量管理可保证技术管理和规范行政管理；行政管理是技术管理和质量管理的保障。

三、建立实验室管理体系的意义

1. 建立管理体系是实验室扩大知名度、增强竞争力的最佳途径

根据《中华人民共和国计量法》及其实施细则、《中华人民共和国认证认可条例》等法律行政法规的规定，在中华人民共和国境内从事向社会出具具有证明作用的数据、结果的检验检测机构均应通过资质认定。通过资质认定的检验检测机构，可在其检验检测报告上标注资质认定标志，从而证明其结果的合法性。

实验室认可组织通常是经国家政府授权从事认可活动的。实验室获得认可后，可在认可的业务范围内使用“CNAS”标识，该标识表明实验室具备了按有关国际认可准则开展检验检测服务的技术能力；同时获得了与CNAS签署互认协议方国家和地区实验室认可机构的承认；有机会参与国际间实验室认可双边、多边合作，从而得到更广泛地承认。

实验室获得认可后，可有效提高实验室的知名度，增强实验室在检验检测市场的竞争能力。目前，实验室认可在国际和国内逐步得到重视，一个没有获得权威组织认可的实验室所出具的报告，已经很难获得政府部门和质量诉讼双方的信任。

2. 建立管理体系是实验室迅速提高内部管理水平的有效办法

在市场经济中，实验室是为政府机构、社团组织和贸易双方提供检验检测服务的技术组织。一方面，随着产品的不断涌现，检验检测对象的多样性和复杂性对检验检测技术提出了更高的要求，如何保证检验检测结果的可靠性成为实验室最重要的工作内容；另一方面，关于产品质量的诉讼逐步增多，实验室出具的数据成为划分责任的重要依据，因而检验检测数据的可靠性和实验室的公正性越来越成为社会大众关注的焦点。实验室为了保证向客户提供的检验检测服务具备科学性、公正性和准确性，就必须建立完善的组织结构并实行高效的管理体系。对一个实验室来说，建立并不断完善管理体系是一个需要付出许多努力的过程，外部的监督和约束是不可或缺的条件。从决定申请资质认定或实验室认可到获得批准，其过程本身就是对实验室加强质量管理最有利的促进，能在短期内使实验室的管理水平得到提升。同时对已获批准或认可机构的监督机制，也可以有效地保证实验室的管理维持在较高的水平。

3. 建立管理体系是申请资质认定或实验室认可、接受外部评审的前提条件。

无论是资质认定还是实验室认可，操作方式都是由经过授权的机构对实验室的管理能

力和技术能力按照约定的标准进行评价，并将评价结果向社会公告以正式承认其能力的活动。

管理体系是外部对实验室的能力和水平做出评价的依据。国家市场监督管理总局要求申请资质认定的检验检测机构按照《评审准则》及相关领域补充要求（如《检验检测机构资质认定　生态环境监测机构评审补充要求》等）的要求建立和运行管理体系，CNAS也要求被认可的实验室按照CNASCL01《检测和校准实验室能力认可准则》及特殊领域的应用说明（如《检测和校准实验室能力认可准则在化学检测领域的应用说明》等）建立管理体系和运作。因此，建立管理体系是检验检测机构或实验室申请资质认定或实验室认可的基本条件。

四、建立实验室管理体系的步骤

实验室的管理体系实际上是以两种形式存在的，即文件化的管理体系和运作中的管理体系。前者即通常所说的管理体系文件，后者才是真正对实验室管理发挥作用的管理体系。实验室管理体系的建立是一个逐步完善的过程。结合本实验室的具体情况编制管理体系文件只是第一步，更重要的是管理者和全体员工在实际工作中认真贯彻执行，并在执行中通过对不符合要求的工作的控制、采取纠正和预防措施、开展内部审核和管理评审等方式实现管理体系的持续改进，包括对管理体系文件的修改和补充，以使其更加适应本实验室的具体情况以及在实验室发展过程中出现的情况。实验室建立管理体系的一般步骤如下：

（一）准备阶段

1. 管理层下定决心，统一认识

建立管理体系并按照管理体系运作，涉及实验室的各个部门，是一项需要投入较多人力物力的工作。因此，实验室管理层的决心是非常关键的，管理层的认识到位也很重要。管理层是实验室的领导核心和决策者，对管理体系的建立、改进、资源的配备等发挥着决策作用，实验室要统一思想，统一认识，步调一致。

管理层在建立管理体系的工作中主要有以下职责：战略策划、实现承诺、营造环境、识别过程、规定职责、提供支持、测量评定、参与改进、掌握信息和管理评审。

2. 在管理层中授权主管领导和建立管理体系推行工作小组

（1）授权主管领导。ISO/IEC 17025：2017中5.2规定“实验室应确定对实验室全权负责的管理层”，管理层中应设立一名负责组织管理体系建立、实施、保持及改进的主管领导，主管领导应具有良好的计划、组织、指挥、协调和控制能力，熟悉实验室工作和管理的特点。其职责和权限为：

①负责实验室管理体系的建立、实施和改进。

②及时向实验室最高管理者报告管理体系的运行情况。

③通过宣传、培训、教育，提高整个实验室的客户要求意识。

④就实验室管理体系的有关事宜进行内、外部信息的沟通和交流。

（2）建立管理体系推行工作小组。为有效建立、实施实验室管理体系，实验室最高管理者应考虑成立以其为核心的管理体系推行工作小组，在质量负责人的领导下，负责管理体系建立、实施和改进过程中的文件编写、内部审核、体系的日常监督检查、信息的传递和沟通，为管理体系的有效运行起到桥梁、纽带的作用。该小组的组成应包括：实验室最高管理者、质量负责人、技术负责人、检验检测部门的骨干人员等。

为使实验室内的各个过程得到充分的、系统的识别和确定，实验室应建立起一个适合本实验室自身特点、适用的管理体系，避免走弯路。为此，应精心挑选推行工作小组的成员。这些人员应涉及实验室检验检测活动的主要方面，具有实际工作经验、熟悉本职工作，具有清晰的工作思路，具备相应的质量管理知识，全面掌握 ISO/IEC 17025 标准及其相关知识，包括其他相关技术标准、法规等。推行工作小组的成员通常为兼职人员，需要时可集中使用。

3. 制订管理体系建立和实施的工作计划

良好、科学的计划是保质、保量、按时完成工作的前提。建立和实施实验室管理体系是个系统工程，牵涉实验室管理中方方面面的工作和人员。在管理体系建立之初，实验室应拟定一个切实可行的工作计划。管理体系建立和实施的工作计划通常由质量负责人组织推行工作小组制订，经实验室最高管理者批准后执行，并随着工作的进展不断对计划做出修改和调整。对需要申请认可的实验室，一般来说，从实验室开始建立管理体系到申请认可，时间应不少于 9 个月，其中管理体系运行不得少于 6 个月。

(二)培训阶段

实验室从建立管理体系开始就需要进行培训。培训的目的在于取得认同，使不同层次的骨干人员掌握建立、实施和改进管理体系的知识和能力。各级人员是实验室的根本，只有让他们充分参与才能发挥他们的智慧，才能为实验室带来收益。因此，在重点培训骨干的同时，要向全体工作人员进行相关知识的宣传教育，使他们了解建立管理体系的重要性，理解他们在建立管理体系工作中的职责和作用；使他们认识到在建立健全实验室管理体系的工作中人人有责，从而做到积极响应和参与。

培训的内容包括：ISO/IEC 17025 标准知识及应用培训、文件编写技能培训和内部审核员培训等。

1. 管理体系文件编写技能培训

(1)培训内容。

①主要管理体系文件的结构。

②质量手册和程序文件的编写。

③作业指导书的编写。

④记录表格的编写。

⑤体系文件的管理。

(2)参加人员。质量负责人、各检验检测部门领导、骨干、推行小组成员。

2. 内部审核员培训

(1)主要培训内容。

①审核的策划。

②审核检查表的编制。

③审核技术和技巧。

④审核实施的过程。

⑤纠正、纠正措施及跟踪确认。

(2)参加人员。质量负责人、推行小组成员、内审员。

培训实施的过程中,如实验室内部资源不足,可送人员外出学习或聘请外部管理体系专家来实验室授课。

(三)策划阶段

1. 明确要求,分析实验室现状

明确要求,分析实验室现状是建立实验室管理体系的关键活动。

(1)明确要求。

①实验室资质认定和认可的相关要求。

②客户对实验室管理体系和服务的要求。

③法律法规对实验室管理体系和服务的要求,特别是涉及健康、安全、卫生、环保等强制性规定的要求。

④实验室服务本身的特性。

⑤实验室自身对管理体系的要求等。

(2)分析实验室现状。实验室应对这些要求在现有管理体系中的满足程度进行评价,找出差距,确定管理体系改进的方向和目标。这项工作应在实验室最高管理者的直接领导下,组织相关人员,运用过程分析的方法,对实验室各部门的管理现状进行分析。

①确定各部门所需的过程,确定每个过程的输入和输出,明确谁是这些过程的客户,客户的要求是什么;明确谁是这些过程的供方及供方应提供的资源是什么;确定谁是这些过程的主要责任人。

②明确这些过程的顺序和相互关系,绘制这些过程的总流程图,明确这些过程间的接口关系。

③明确需要哪些文件才能控制好这些过程及其接口关系,现在是否有这些文件,文件的描述是否充分、恰当,是否需要修改或重新制订。

④明确所期望和不期望的过程结果的特征是什么,分析和评价这些过程的标准是什么,有没有标准,是否需要重新制订。

⑤从经济和效率方面考虑,如成本是否会降低、时间是否会缩短、是否会造成资源浪费等分析评价这些过程的有效性。

⑥确定每个过程需要配置哪些资源。

⑦如何实现过程间或职能间的沟通,确定沟通渠道和方式,谁来提供该过程的外部和内部消息,如何进行信息反馈。

⑧如何监视过程的业绩,需不需要测量,需要什么样的测量,如何更好地分析所收集到的信息,从分析中应得出什么结果;如何改进这些过程,这些过程通常会出现什么问题,针对这些问题可以采取哪些纠正和预防措施等。

在此分析基础上列出现有的设施、设备、记录、表格、报告、职能、人员岗位及分工、法律、法规、详细的过程流程图、技术文件等信息和改进部门工作的意见和建议,提交给质量负责人，由质量负责人组织推行工作小组按部门进行分类整理，并依据上述要求进行分析和评价，为实验室建立、实施和改进管理体系打下坚实的基础。

2. 明确准则在实验室管理体系中的应用范围和程度

在学习、深刻领会标准内涵和进行分析的基础上，实验室最高管理者应组织推行工作小组对该准则在实验室管理体系中的应用范围和程度做出正确的评价。申请认可的实验室更加关注申请认可的检验检测项目的实际检验检测能力，而实验室的检验检测项目可能很多，在建立管理体系时，对于没有申请认可的检验检测项目可以不涉及。同时，各实验室可根据各自的特点，对管理体系中不适用部分进行删减；但应注意，删减后不应影响实验室提供满足客户要求的服务的能力，也不影响实验室所承担的法律法规所规定的责任和义务。常见的删减内容包括：

(1)方法制订。当实验室对于申报认可的项目都使用外部方法时，在建立实验室管理体系时，可删减本活动相关要求。

(2)抽样。当实验室对于申报认可的项目不承担抽样的要求或不进行取样，检验检测的结果仅对所送样品负责时，在建立实验室管理体系时，可删减本活动相关要求。

3. 确定质量方针和目标

切实的质量方针、质量目标和质量承诺是实验室工作的灵魂。实验室的管理层应结合实验室的工作性质、工作内容和市场要求，制订符合自身实际情况的质量方针和质量目标，以便指导管理体系的设计和建设工作。在对实验室现状分析评价的基础上，一般由质量负责人组织推行工作小组提出具体的质量方针和质量目标的草稿，由实验室最高管理者、质量负责人和推行小组讨论、修改、确定，经实验室最高管理者批准后发布实施。

(1)确定质量方针。质量方针是由实验室最高管理者正式发布的实验室质量工作的指导方针，是实验室全体员工在工作过程中遵循的准则。质量方针有三方面的作用：

①宣传性——对市场和客户有感染力和吸引力。

②激励性——对实验室全体员工有较强的鼓动性。

③制约性——对实验室全体员工的行为具有约束力。

各类实验室的质量方针因其服务的类型、规模、管理现状不同而不同。但一般应体现以下几方面的要求：

①与实验室的宗旨相适应。

②承诺满足客户、法律法规的要求。

③承诺持续改进。

④为质量目标的制订提供框架。

质量方针应简明、扼要，并结合实验室的服务特点。既要体现检验检测工作科学求真的精神，也要体现实验室以客户为焦点的服务宗旨。

质量方针的示例如下：

——行为公正、方法科学、测量准确、服务优质。

——样品空间有限，科学追求无限；数据真实无情，服务客户有情。

——数据准确可靠，结论科学公正，管理严格规范，服务优质高效。

(2)制订质量目标。质量目标是质量方针的重要组成部分,是在质量方针和实验室战略策划的大框架下,实验室所追求的质量方面的目标。质量方针可以是抽象的,但质量目标应具有可测性、挑战性、可实现性、关联性(与自身实际相关联的)、时限性(规定实现目标的时限)。质量目标在质量方针框架内与方针保持一致,在战术上则对产品质量应达到的高标准和高要求做出规定。实验室最高管理者应在管理体系策划的过程中依据质量方针制订能够实现业绩改进的质量目标,并针对不同部门制订相应质量目标。质量目标的制订应符合质量方针的要求,既有定性的描述,又有定量的描述,且应包含服务要求的有关内容。

质量目标的示例如下:

"创建国内一流实验室,力争达到国内同类实验室先进水平"

"利用实验室的资源和检验检测能力为社会各界提供检验检测服务和公正的检验检测数据和结果"

"检验检测报告差错率≤0.2%"

"客户满意度≥96%"

"检验检测报告及时率≥98%"

(3)做出质量承诺。除质量方针和质量目标外,管理体系有时还需要体现对客户的承诺,即质量承诺。质量承诺通常可以包含以下内容:

①保证检验检测数据可信、结论正确。

②保证客户的合法权利。

③恪守相关法律和制度的规定,对出具的检验检测报告负责。

④检验检测的时限。

⑤检验检测服务的合理收费。

⑥在质量手册的指导下开展活动,不断完善管理体系等内容。

4. 建立组织机构,分配管理职责

实验室或其所在的组织应是一个能够承担法律责任的实体,并有明确的组织分工。虽然由于各个实验室的性质、工作内容不同,不可能存在一种普遍适用的组织机构模式,但建立组织机构却有共同的原则,那就是机构的设置必须有利于实验室检验检测工作的顺利开展,有利于实验室各环节的衔接,有利于管理职能的发挥。

一般实验室的组织机构大致分为以下三个层面:

①实验室的管理层。有实验室最高管理者、质量负责人、技术负责人等。

②实验室的各职能部门。如质量管理部门、财务部门、人力资源部门、客户服务部门、各检验检测室等。

③各检验检测室的执行机构。如微生物检验室、化学检测室、仪器分析室等。

组织机构通常用部门或岗位的组织机构图表示。以下给出几个实验室的组织机构图示例供参考(图3-2、图3-3、图3-4)。

为了落实管理职责,实验室应根据自身的实际情况,首先确定管理部门的设置和各检验检测室的检验检测业务范围,然后将管理体系各个要素的职责分配到有关部门,并根据各部门承担的活动赋予其相应权限。

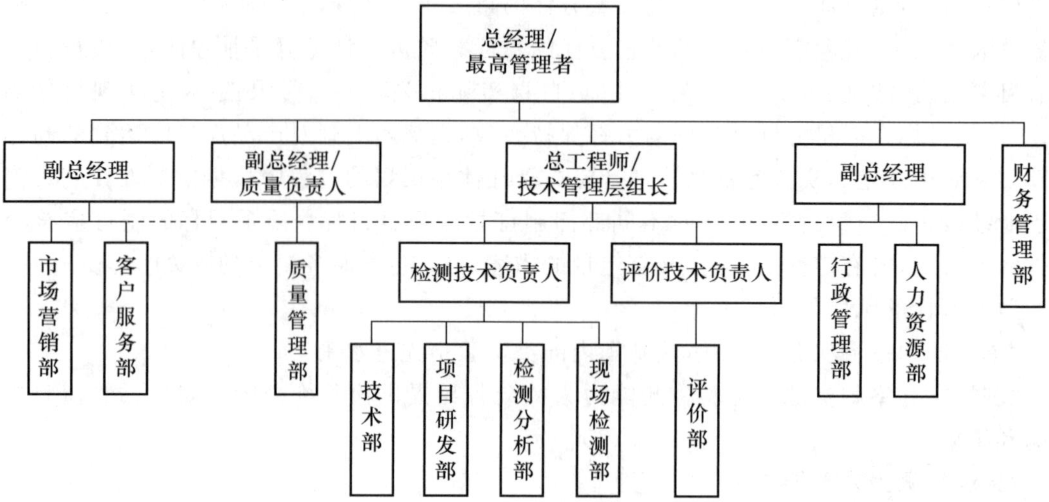

图 3-2 某实验室组织机构图示例一

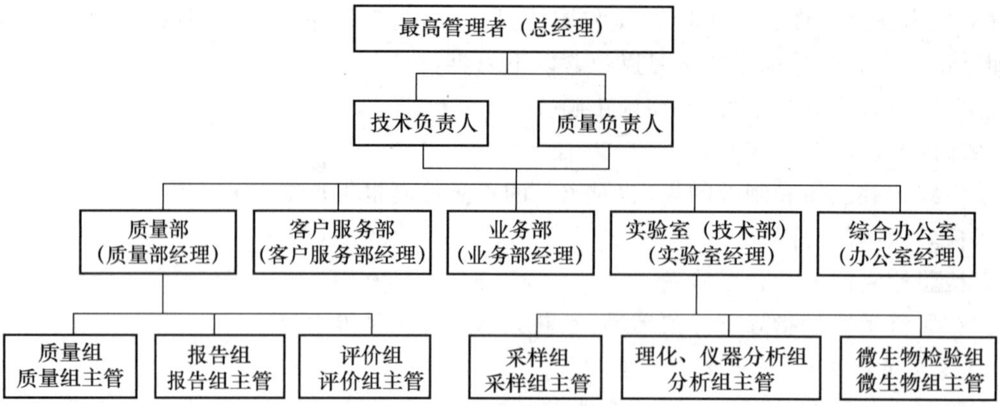

图 3-3 某实验室组织机构图示例二

为保障所有检验检测工作的职能和职责得到严格履行，应依据管理体系的要求，以有效的方法进行组织，确保各部门和各岗位人员的职责权限明确、隶属关系清楚、联系渠道畅通，并注意各项活动之间的接口和协调措施，既不造成权力真空，又不造成职责重叠。

实验室中对检验检测质量有影响的所有管理、操作和验证人员都应有明确的岗位职责和任职条件，并被赋予相应的权力和资源配置。如果实验室的法定代表人不担任实验室的最高管理者，应授权最高管理者负责实验室的全面管理，行使最高管理者职权。为满足正常运行和质量保证的需要，实验室应确定对实验室管理和技术活动全权负责的管理层，管理层应履行其对管理体系的领导作用和执行承诺。最高管理者应授权技术负责人负责实验室技术运作和协调检验检测所需的资源。最高管理者应授权质量负责人全面负责实验室的体系管理，具有在任何时候都能确保管理体系得到实施和遵循的权力，可通过直接渠道接触最高管理者，及时和最高管理者沟通。

实验室应设置各有关专职、兼职管理岗位，技术操作岗位和验证岗位等（包括授权签字

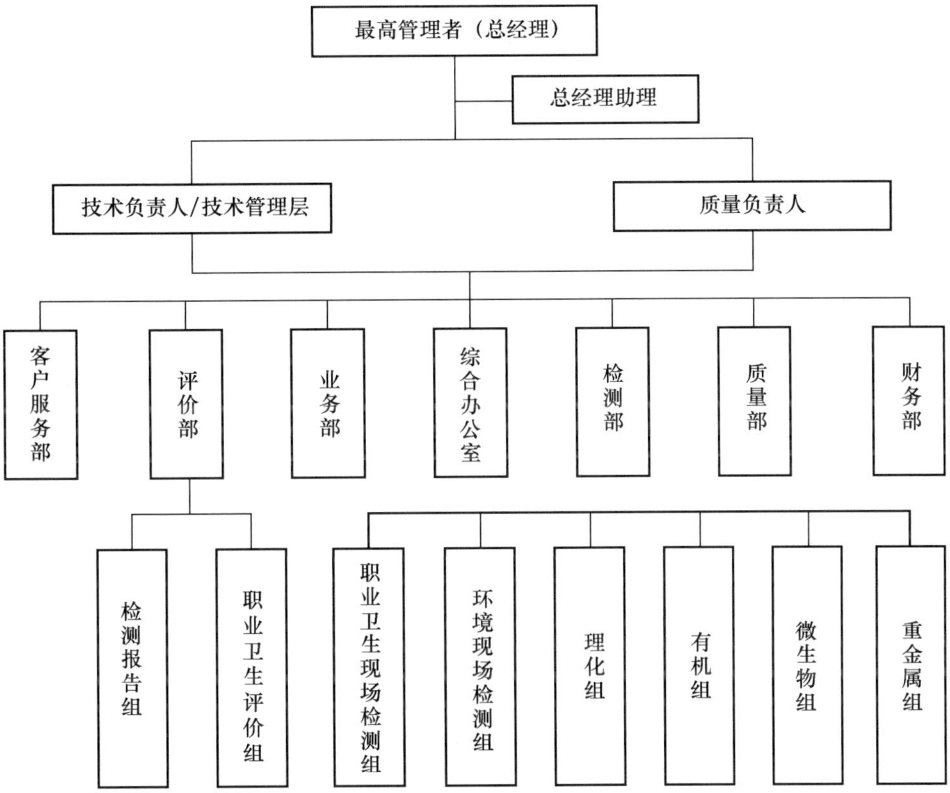

图 3-4　某实验室组织机构图示例三

人、监督员、内审员、档案管理员、设备管理员、样品管理员、安全管理员、试剂管理员、检验检测人员、现场检测与采样人员、记录和报告校核人员等），并明确对检验检测活动结果有影响的所有管理、操作或验证人员的职责、权力和相互关系。

为了保证实验室管理的连续性，确保各项工作持续正常进行，防止管理工作出现真空，实验室还应规定关键管理人员的临时代理职权。

5. 确定管理体系过程流程

实验室应结合各部门管理现状分析的实际情况，系统地进行管理体系的过程分析，并通过分析确定这些过程在实验室内的运作流程，绘制流程图。此项工作应在对实验室的管理现状运用过程方法进行分析的基础上，由推行工作小组具体实施，质量负责人组织有关部门评估确定。实验室在开展此项工作时，分析应尽量详细、具体、透彻，为下一步编写管理体系文件打下良好基础。

图 3-5 为典型的实验室文件控制运作流程图，供参考：

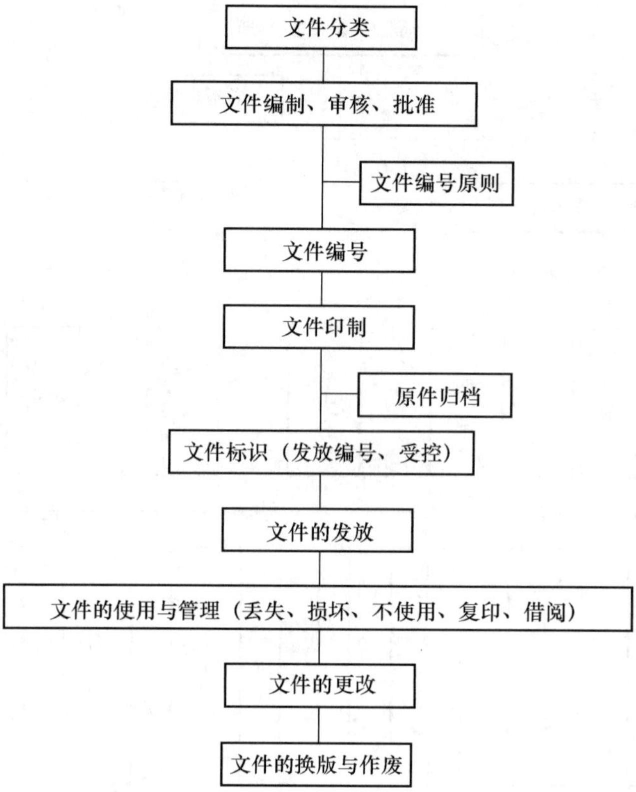

图 3-5　实验室文件控制运作流程图

任务二　实验室管理体系文件

一、实验室管理体系文件的构成

（一）管理体系文件的含义

实验室的管理是通过对实验室内各种过程进行管理来实现的，因而就需要明确对过程管理的要求、管理的人员、管理人员的职责、实施管理的方法以及实施管理所需要的资源，把这些用文件形式表述出来，形成该实验室的管理体系文件。

（二）管理体系文件的作用

1. 规范性文件

给出最好的、最实际的达到质量目标的方法；界定职责和权限，处理好接口，使管理体系成为职责分明、协调一致的有机整体；通过认真执行即可达到预期目的。

2. 审核的依据

证明过程已经确定；证明程序已被认可，并已展开和实施；证明程序处于更改控制中。

3. 质量改进的保障

依据文件确定如何实施工作及如何评价业绩；增强更改效果的可比性和可信度；当把质量改进成果纳入文件变成标准化程序时，成果可得到有效巩固。

4. 培训的教材

文件是培训全体员工的教材，保持被开展和实施的程序的协调性，取决于文件与人员技能和培训内容的有机结合程度。

(三)管理体系文件的层次结构

管理体系文件的层次可根据实验室的类型、规模、所从事的工作范围等具体情况以及管理习惯进行划分，通常分为三个层次或四个层次。不同层次文件的作用各不相同，上下层次间要相互衔接、不能矛盾。文件层次从上到下越来越具体详细，每一层都是上面一层的支持文件。

GB/T 19023《质量管理体系文件指南》给出的典型管理体系文件层次结构为三个层次，见图 3-6。目前大部分实验室的管理体系文件层次结构为四个层次，见图 3-7。

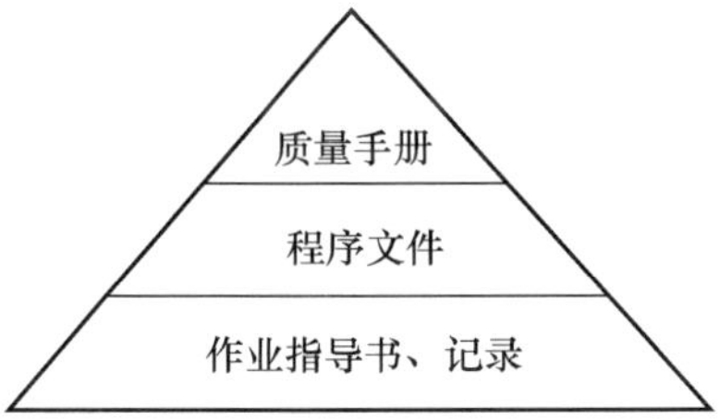

图 3-6　管理体系文件层次结构图(三层)

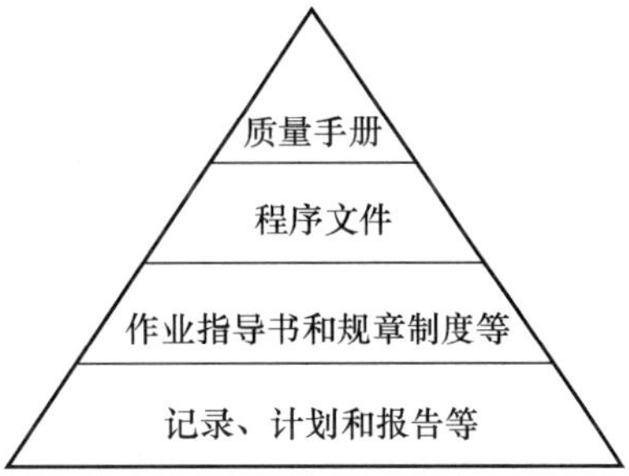

图 3-7　管理体系文件层次结构图(四层)

(1)质量手册。规定了实验室的质量方针、质量目标和质量承诺，是对实验室管理体系要素、活动领域、检验检测能力的概述，是阐述实验室质量方针、质量目标、管理体系和检验检测活动的纲领性文件。

(2)程序文件。是质量手册中规定的要素或控制过程的充分展开，规定了实验室管理体系各个环节有关要素运作的目的、范围、责任和工作程序等，可保证管理体系的有效运行，是质量手册的支持性文件。

(3)作业指导书。用以指导某个具体过程、事物所形成的技术性细节的可操作性文件，如规范、指南、要求、操作规程、通行惯例等，是过程运行的依据，是有关任务如何实施和记录的详细描述，是规范实验室各项具体技术运作的指令性文件。

(4)记录、计划和报告等。分别记载开展各项质量活动、技术活动的表格、图例及其他形式的记录、计划和报告，是管理体系运行的产物，为管理体系的运行提供支持和见证，包括管理体系运行的过程信息和结果信息，是管理体系有效运行的证实性文件。

二、实验室管理体系文件的编写方法和要求

(一)管理体系文件的编写方法

(1)自上而下法。按照准则条款的要求，先质量手册，后程序文件，再作业指导书的编写

方法。这种方法有利于文件的上下衔接,但要求编写人员需熟悉准则,且反复修改的可能性较大(手册的变化必然引起程序等的变化)。

(2)自下而上法。先作业指导书,后程序文件,再质量手册的编写方法,这种方法适用于基础管理较好的实验室。

(3)扩展法。先程序文件,后质量手册,再作业指导书的编写方法,这种方法从分析管理体系的过程入手,易切入,大多数实验室通常采用这种方法。

(二)编写管理体系文件的基本要求

(1)系统性。应将实验室所采用的标准、要求和规定编制成管理体系文件;所有的文件应按规定的方法编辑成册;各层文件应分布合理。

(2)协调性。管理体系文件的所有规定应与实验室的其他管理规定相协调;文件之间应相互协调、互相补充;文件应与有关技术标准、规范相互协调;应认真处理好各种接口,避免不协调或职责不清。

(3)唯一性。一个实验室,其管理体系文件应是唯一的;应通过清楚、准确、全面、简单扼要的表达方式,实现唯一的理解;决不允许对同一事项的相互矛盾的不同文件同时使用;不同实验室的文件应具有不同的风格。

(4)适用性。应遵循"最简单、最易懂"和"谁使用,谁编写"的原则编写各类文件,便于理解和操作,并及时修改;所有文件的规定都应保证在实际工作中能完全做到;编写任何文件都应基于资质认定和实验室认可的要求和实验室的现状;如发现文件不适合的情况,应立即按规定程序进行修改。

(三)编写管理体系文件时的注意事项

(1)文件编写本身并非目的,而应以增值为目的。

(2)同行的管理体系文件可作为参考。

(3)实验室的管理体系文件应是实验室文化的一种表现形式。

(4)咨询师的任务是指导和协助,而不是替代。

(5)不是所有的工作都需要文件,也不是所有的工作都需要记录。

(6)管理体系文件的编写应该有相关工作人员充分参与。

(四)各类管理体系文件的编写要求

1. 质量手册

(1)质量手册的构成。实验室资质认定和认可对质量手册的结构和格式不作统一的要求。ISO/IEC 17025:2017 中,不再规定实验室一定要明示管理体系文件的架构,不再提及质量手册,因此,也不再规定不同层次文件中应包含的内容;只是要求实验室的管理体系应满足本准则的要求并保证实验室结果的质量。对于检验检测机构,仍可按照《评审准则》的要求,明确管理体系架构,以质量手册、程序文件分层次建立管理体系文件。因此,对于认可实验室,以下部分仅供参考。

质量手册应准确、全面和扼要地阐明实验室的概况、质量方针和目标、管理体系的范围、管理体系过程及其相互作用、有关职责和权限、程序文件或对其引用等内容。这是保证所要求的事项得以合理安排和确定的一种方法。质量手册的一般结构通常应包括或涉及封面、前言(简介)、目录、发布令(批准页)、公正性声明、质量方针声明、术语和定义(如需要)、目的和适用范围、管理体系、管理职责、管理要求、技术要求。质量手册一般采用活页形式装订,以便于阅读、查询和修改。

(2)质量手册的内容

封面(可中英文对照)

①名称。指手册的名称。如质量手册,应放在封面的突出位置。

②发布日期。指手册实施或生效日期,不一定是批准日期。

③版本号。显示质量手册的版本序号。如,质量手册发布实施后,未进行过换版,版本号为第一版。

④文件编号。根据该实验室的文件编号规则及格式的描述所编制的文件号。

⑤发放编号。为了识别发给不同人员的质量手册,防止混用,便于管理而编制的发放顺序号。如,某实验室发放了10本质量手册,发放编号顺序为01,02等。

⑥编写人员。负责编写文件的人员。具体人员或编写小组均可。

⑦审核人。通常为质量负责人,采用亲笔签名或打印的方式均可。

⑧批准人。通常为实验室最高管理者,采用亲笔签名或打印的方式均可。

⑨受控状态。一般为“受控”或“非受控”两种形式。“受控”的文件为现行有效,供内部使用,受更改的控制;“非受控”的文件供外部使用,不受更改的控制(资质认定/实验室认可发证部门等进行现场审核时,需提供受控版本)。

⑩实验室名称。应写实验室的全称。

前言(实验室简介)。质量手册的前言应给出实验室的基本信息。一般包括实验室的名称、地点及通信地址,实验室规模、背景,主要检验检测的项目,用于检验检测的主要仪器设备及取得的主要业绩介绍,以便向社会展示实验室的主要形象。语言应简明扼要,篇幅最好不要超过两页。

目录。手册的目录应列出手册所包含各章节的标题及页码。

发布令(批准页)。此页是实验室的最高管理者发布质量手册及管理体系文件的正式批准声明,表明实验室按照准则和实际情况建立一个正式的管理体系来实施和保证实验室质量方针和质量目标的实现,标志着实验室文件化的管理体系已经建立并运行,全体人员必须遵照、贯彻和执行,确立了质量手册的权威性和制约性地位。此页应有实验室最高管理者的亲笔签名和批准日期。

术语和定义。为了反映该实验室存在的社会环境特征、文化背景和历史状况,实验室可以根据需要制订特有的适用于本实验室质量管理活动的术语和定义作为补充,包括实验室现在需要使用的需达成共识的、公认的概念、术语、定义和简称。实验室还应注明引用了如ISO/IEC 17025标准定义、ISO 9000标准的术语,必要时应对有关容易引起混乱的术语在此章节中加以解释。

目的和适用范围。此章节可以单独列出,也可以放在发布令中或前言中描述;应清楚地说明质量手册的主要目的、适用范围(领域),包括适用于本实验室的检验检测项目或场所以及不适用的地方。

组织。该章节应介绍实验室的组织机构及该实验室与母体的关系，明确关键人员的代理人和授权签字人，对各岗位职责进行准确的描述。

管理体系。该章节对应 ISO/IEC 17025:2017 标准 8.2 条款的要求，对实验室的管理体系的状况及适用的范围进行准确的描述，规定实验室文件化管理体系的结构、文件层次，明确实验室的职责。

针对 ISO/IEC 17025 标准的其他条款，实验室制订的政策和管理内容及方式。

2. 程序文件

(1)程序文件的构成。程序文件的构成如下：

——实验室名称。

——文件编号。

——版本。

——更改。

——编写。

——审核。

——批准。

——发布日期。

——实施日期。

——受控状态。

——发放编号。

(2)程序文件的内容

封面。实验室采用程序文件合订本(活页装订)发放使用时须加封面。封面要有名称，如程序文件，且放在封面的显著位置；还需有版本号、发布日期、受控状态、发放编号、实验室名称、文件编号。

正文

①目的。具体阐述制订本程序文件的目的和作用或对管理体系的影响。

②适用范围。具体阐述本程序所包含的管理过程或活动范围，说明其适用性。

③职责。具体规定负责实施该程序文件有关活动的人员的责任和权限。

④工作程序。详细阐述实现程序的行动步骤和方法。应一步一步地列出所要做的工作，保持合理的顺序，提出值得注意的任何例外或特殊领域。可应用流程图和使用参考资料。

⑤质量记录表格。明确此程序文件执行中所需的记录表格的名称、编号，记录的保存部门及期限。

⑥引用文件。本程序文件所涉及的其他管理体系文件(本实验室的程序文件、国家颁布的技术规范等)的名称和编号应予以标明。

3. 作业指导书

作业指导书是规定某项具体活动的详细指导性文件。一般包括：方法类(包括检验检测细则、抽样细则等指导检验检测方法的过程及方法偏离等)、设备管理类(包括设备的使用、维护、期间核查、内部校准等)、样品管理类(包括样品的采集、准备、保存和处理等)、数据类

（包括数据修约、有效数字、异常数据剔除、测量不确定度评定等）、安全环保类（包括检验检测过程中的环境、场所、操作过程、危险物品等安全注意事项以及废弃物的处置等）、行政管理类（包括职业道德、公正性、人员安全、与客户关系以及其他需要确保实验室人员行为适当的有关问题等）等。

作业指导书的格式多种多样，不拘一格。主要内容应包括：

——实验室名称。

——文件编号。

——作业指导书名称。

——修订次数/日期。

——发布日期。

——目的：具体阐述制订本作业指导书的目的、作用和意义。

——范围：具体阐述制订本作业指导书所包含的过程、活动或岗位的应用范围，说明其适用性。

——工作要求：包括使用的设施、活动或作业步骤、部门人员的职责、环境条件限制、活动或作业应达到的目标（如技术指标）、检查或测量的规定、使用的文件和记录。

——相关文件：使用本作业指导书所引用的相关作业指导书（不引用上层次的文件，如质量手册、程序文件）。

——记录：运作本作业指导书产生的记录。

4. 记录

（1）记录的格式和编号。记录是管理体系运行的见证，包括质量记录和技术记录。质量记录表格是程序文件的附录内容，是管理活动的证据；技术记录贯穿于“产品”（数据和结果）形成的全过程，是产品实现的证明。

记录无固定格式，根据需要设定。它是一种特殊类型的文件，不应和文件截然分开，关键看实验室如何划分。实验室在日常工作中所用记录可直接采用角加注唯一性编号的方式予以标识，不需要加盖受控章。

（2）记录格式的设计/编制和修改。质量负责人和技术负责人应对记录的格式做出统一规定，并组织有丰富实际工作经验的各相关人员依据相关质量管理活动和技术活动以及检验检测工作的实际情况，设计/编制各种记录格式。

记录格式设计/编制的要求为：凡能列表记录的应设计为清晰明了、结构合理、方便填写和查询的表格格式。记录格式应做到内容完整，信息全面，确保在条件尽可能接近的情况下能够重复检验检测活动和溯源，以便在可能时识别测量不确定度的影响因素；也要尽量减少记录人员的书写工作量。记录格式的幅面尺寸尽可能为 A4 规格，以便装订归档。

质量记录格式应交质量负责人审定批准，技术记录格式应交技术负责人审定批准。审核的重点为记录格式的全面性、有效性和协调性等。

记录格式经审定批准后，应对其进行唯一性标识，统一控制发放使用。在使用过程中如需修改，应由使用人员或其部门负责人提出申请，并按照相关要求执行。记录格式修改后应有能与修订前区别的标识；如调整修订状态，不能仍使用原编号。

修订前过期的全部空白记录要及时收回，避免现场同时出现修订前后两种记录格式。现场不允许出现同一编号的两张不同的记录格式，也不能出现修订前后不同的记录格式。

实验室应定期对记录格式等在用文件的受控状态和有效性等情况进行检查/核查，以确保在用记录格式的受控和现行有效。应定期对记录格式的适宜性进行评审，以确保持续适用和满足使用的要求。

三、管理体系文件的编写过程

在编写管理体系文件前，实验室应进行机构内部的态势分析法(SWOT)分析，明确机构内部的优势和劣势、外部环境的机遇和风险，搭建一个符合自身实际的组织机构，明确部门职责和岗位职责。

所谓SWOT分析，即基于内外部竞争环境和竞争条件下的态势分析，就是将与研究对象密切相关的各种主要内部优势、劣势和外部的机会和威胁等，通过调查列举出来，并依照矩阵形式排列，然后用系统分析的思想，把各种因素相互匹配起来加以分析，从中得出一系列相应的结论，而结论通常带有一定的决策性。运用这种方法，可以对研究对象所处的情景进行全面、系统、准确的研究，从而根据研究结果制订相应的发展战略、计划以及对策等。

实验室应根据管理体系策划的结果，确定管理体系文件的结构、编写方法、基本要求、注意事项及程序文件和作业指导书的数量，由推行工作小组拿出具体意见，经质量负责人同意后，制订具体的管理体系文件编写计划。编写计划应经推行工作小组讨论通过，经实验室最高管理者批准后执行。

1. 确定管理体系文件的层次结构

实验室可根据自身类型、规模、所从事的工作范围等具体情况以及管理习惯确定管理体系文件的层次结构。

2. 确定需编写的文件及编写计划并实施

实验室应确定程序文件、作业指导书的数量。程序文件、作业指导书的数量应根据实验室的需要确定，并考虑质量手册的详略程度。某项活动或过程，如有的实验室在手册里面描述得很清楚，则不需要再编制相关的程序文件；有的实验室在描述程序文件时，较为简洁，则作业指导书的数量会较多；有的实验室在描述程序文件时较为细致，则作业指导书的数量将会减少。

表3-1列举了某检测实验室所确定编写的程序文件清单(对于认可实验室仅供参考)。

实验室应制订详细的文件编写计划来指导具体的编写工作，文件的编写通常由承担主要职能的部门或推行工作小组编写，由承担辅助职能的部门负责讨论、修改等。

表 3-1　程序文件清单

序号	文件名称	序号	文件名称
1	公正性程序	13	测量不确定度的评定程序
2	保密性程序	14	确保结果有效性程序
3	人员管理程序	15	报告结果程序
4	设施和环境管理程序	16	投诉处理程序
5	设备管理程序	17	不符合工作程序
6	计量溯源程序	18	数据控制和信息管理程序
7	外部提供的产品和服务程序	19	管理体系文件控制程序
8	要求、标书和合同评审程序	20	应对风险和机遇的措施程序
9	方法的选择、验证和确认程序	21	改进程序
10	抽(采)样程序	22	纠正措施程序
11	检测物品的处置程序	23	内部审核程序
12	记录控制程序	24	管理评审程序

3. 管理体系文件的审查和批准

(1)管理体系文件的审查。实验室管理体系文件的审查由相关负责人、技术负责人、质量负责人、推行工作小组进行。主要包括：

①风格审查。名词和用语是否统一，管理体系各条款描述深度是否一致。

②内容审查。准则的要求是否都已包括，实际的需要是否都已覆盖，表达是否准确。

③格式审查。是否方便修改控制，是否方便使用，是否适合文件管理。

④职责审查。各部门和关键人员的职责和权限是否表述准确、全面；质量手册各章、节中所描述的职责和权限是否与程序文件、作业指导书中描述的职责和权限内容一致，所有的职责和权限是否在相应的管理体系文件中体现。

⑤接口审查。有关接口和工作关系的描述是否协调、清楚，各项管理活动是否已形成闭环，接口方式是否合理，接口的各个工作环节是否清楚并得到有关部门的确认。

(2)管理体系文件的批准。一般情况下，质量手册应由实验室最高管理者批准。质量类程序文件、作业指导书以及质量记录格式由质量负责人批准。技术类程序文件、作业指导书以及技术记录格式由技术负责人批准。

项目拓展实训

1. 分析实验室的某个过程在实验室内的运作流程，绘制该过程的流程图。

2. 通过对实验室在用文件的受控状态和有效性进行核查，掌握实验室管理体系文件的构成和基本要求。

项目四
实验室管理体系的运行

学习目标

(1)掌握实验室管理体系运行阶段试运行的步骤。

(2)了解实验室管理体系文件宣贯的主要内容和要求。

任务一　管理体系的试运行

实验室管理体系文件编制完成后,管理体系即进入运行阶段,一般包括宣贯与培训、试运行、内部审核和管理评审、正式运行及运行有效性的识别等几个阶段。

实验室管理体系的运行实际上是执行管理体系文件、贯彻质量方针、实现质量目标、保持管理体系持续有效和不断完善的过程。实验室管理体系运行的宗旨是符合资质认定、实验室认可的要求,使一切活动处于可操作、可控制、可追溯、可重现的状态。

尽管实验室管理体系建立过程中已经充分吸纳了过去的实践经验,但对新建实验室来说,这新的管理模式能否满足实际需要、能否达到预期效果,必须通过实践的考核、验证,这就是所谓的管理体系试运行。

根据实验室认可要求,管理体系试运行至少要 6 个月。通过试运行来考验管理体系文件的有效性和协调性,并对暴露出的问题采取改进和纠正措施,以达到进一步完善管理体系文件的目的。

1. 试运行的步骤

管理体系试运行的步骤一般包括:

(1)试运行计划。

(2)文件批准发放。

(3)宣贯和培训。

(4)运行。

(5)内部审核。

(6)管理评审。

(7)管理体系改进。

实验室管理体系试运行时,首先应编制试运行计划,所有文件均要按照文件控制程序的要求进行审批发放,并按照要求进行宣贯和培训。

管理体系文件应传达至有关人员,并被其理解、贯彻和执行。为此,实验室管理层必须组织管理体系文件的宣贯和培训。管理体系文件宣贯和培训主要包括:实验室管理体系文件介绍,运行时需要注意的问题,运行记录、表格准备以及质量手册、程序文件、作业指导书要点等。一般来讲,这种宣贯和培训可根据实验室的具体情况分层次地进行。

质量手册的宣贯应针对全体人员。对于手册的主要精神、构成的基本要素,尤其是质量方针和质量目标,每个人都应该清楚,以便贯彻执行。

程序文件的宣贯可根据管理体系要素的职能分配,针对有关部门和人员分别进行。因为程序文件是为进行某项活动或过程所规定的途径,只要涉及的部门和人员明确即可。

试运行期间,至少进行一次内部审核和管理评审,对管理体系的符合性、适应性和有效性做出客观的评价,以肯定成绩、发现存在和潜在的问题,进而采取必要的纠正措施,初步改进和完善管理体系、修订管理体系文件,为正式运行奠定基础。

2. 试运行过程中的重点工作

(1)有针对性地宣贯管理体系文件。使全体人员认识到建立完善的管理体系是为了同国际标准接轨,必须认真学习、贯彻管理体系文件。

(2)实践是检验真理的唯一标准。管理体系文件通过试运行必然会出现一些问题,全体人员应将在实践中出现的问题和改进意见如实反映给有关部门,以便采取纠正措施。

(3)对管理体系试运行中暴露的问题,如体系设计不周、项目不全等,进行协调、改进。

(4)加强信息管理不仅是管理体系试运行本身的需要,也是保证试运行成功的关键。所有与质量活动有关的人员都应按管理体系文件要求,做好质量信息的收集、分析、传递、反馈、处理和归档等工作。

(5)试运行过程中,应至少进行一次内部审核和管理评审。

任务二　管理体系的正式运行

经过试运行阶段后,实验室的管理体系便可正式运行。如需申请 CMA 资质认定或 CNAS 实验室认可,此时便可以正式提交申请材料,接受评审。

管理体系的正式运行,是实验室质量管理、技术运作和行政管理的新起点。运行过程中应注意以下几方面:

1. 正式运行的必要条件

在运行前,还需要再次确认运行的准备工作是否完备,确认标准如下:

(1)新的管理体系文件已经充分宣贯,全体人员已基本熟悉和了解并能方便获取。

(2)组织机构和人员调整方案已确定,各类人员的授权书已正式下达。

(3)所有部门对自己的职能和履行职能的相关程序已明确,特别是同试运行方式有差异的部分。

(4)履行职能的必要资源已配备或调整到位,包括:人、办公(工作)场所、设施、设备、文件等。

(5)新的管理体系文件已按发放要求发放,旧文件已全部收回并作废。

(6)所有管理体系运行和检验检测工作所需的记录表格均按管理体系文件要求正式编制。

2. 管理体系运行有效性的评价

管理体系文件是管理体系存在的首要条件,但管理体系能够有效运行才是最终目的。管理体系的有效运行体现在:

(1)影响实验室检验检测质量的全部要素和各项活动均处于受控状态,严格遵循管理体系文件并有完整记录,消除或减少质量问题的产生。

(2)有持续改进、自我完善、自我发展的能力,实验室业绩不断提升。

(3)通过质量监控、管理评审和内部审核、验证实验等方式进行自我完善和自我发展,具有减少和预防质量缺陷的能力和对质量缺陷有迅速报警及纠正的能力,处于一种良性循环的状态。一旦出现质量问题,能迅速反应,及时制订和实施纠正措施,进行风险控制,防止问题的再发生。

3. 管理体系运行中的关键工作

(1)依据准则不断增强建立优秀实验室的信心并完善机制。

(2)建立监控机制,保证检验检测的有效性。

(3)认真开展审核和评审活动,促进体系不断完善。

(4)加强纠正措施、预防措施的落实,持续改进,不断改善体系运行水平。

(5)努力采用新技术,拓展新项目,提高检验检测能力。

(6)加强质量考核,促进各质量职能的落实。

(7)加大实验室最高管理者对质量的投入。

任务三 管理体系的改进

实验室应通过评审操作程序,应用审核结果、数据分析、纠正措施和预防措施、人员建议、风险评估、能力验证和客户反馈等信息来持续改进管理体系的适宜性、充分性和有效性。改进措施可以是日常的改进活动,也可以是重大的改进项目。持续改进的过程和活动必须得到策划和管理。

一、管理体系持续改进的意义和原则

1. 管理体系持续改进的意义

管理体系的持续改进是实验室永恒的目标,具有重要意义。如今,持续改进更是实验室

的生命力源泉。持续改进的战略意义如下：

(1)经济全球化使我们在任何地方、任何时候都能感受到激烈的竞争，迫使我们对产品管理、经营和发展战略等进行持续改进。

(2)知识经济时代正大步向我们走来，我们只有不断创新，包括产品创新、技术或工艺创新、管理或体制创新等，才能适应知识经济的要求。创新的过程实际上也是改进的过程，持续改进为创新活动提供了基本方法。

(3)产品或服务的质量是竞争的重要手段。客户总是抛弃低质量的产品或服务，而去追求高质量的产品或服务，持续改进正是使低质量产品变成高质量产品的过程，因而是增强竞争力的必由之路。

(4)任何一个系统在运行中都会产生各种各样的问题，这些问题若不及时加以解决，就会使该系统日趋混乱，最终导致衰亡。持续改进可避免问题增多造成的混乱，使管理体系永远充满生机和活力。

(5)持续改进可以减少浪费和资源消耗，降低成本，获得更好的效果和运行效率，收获更多的利润和收益。

(6)通过持续改进，可为员工做贡献、求进步、争先进、进行创造发明提供机遇，使员工士气高涨，生机勃勃。

2. 管理体系持续改进的原则

管理体系的持续改进要遵从下述原则：

(1)持续改进的根本目的是满足内部和外部客户的需要。

(2)持续改进是针对过程进行的。

(3)持续改进是一种措施(纠正措施或创新措施)。

(4)持续改进是为了提高过程的效率或效果。

(5)持续改进是一个持续的、不间断的过程。

(6)持续改进是全体员工包括管理层都应参与的活动。

(7)持续改进可以在不同的层次、范围、阶段、时间和人员之中进行。

(8)持续改进应不断寻求改进机会，而不是等出现问题再被动改进。

(9)推进持续改进是管理层的职责。

(10)持续改进应建立在数据分析的基础上。

二、管理体系持续改进的实施

实验室最高管理者应通过建立和实施质量方针和质量目标，营造一个激励改进管理体系的氛围并开展相关的活动。

质量负责人应通过内部审核和管理评审(质量方针、质量目标的落实与完成情况)，对管理体系的适应性、充分性和有效性全面评价，在数据分析的基础上，对管理体系运行中的问题与不符合项实施纠正措施，促进管理体系的持续改进。

技术负责人应组织研究检验检测技术，了解国内外相关检验检测技术动态及国内外现行的有关标准，不断改进和提高实验室的检验检测能力。

监督员应通过对检验检测人员及与检验检测工作相关的人员进行全面和充分的监督，发现问题，并作为内审和管理评审工作改进输入的一部分。

实验室还应主动采用客户反馈意见（无论是正面的还是反面的）和与客户共同审查检验检测报告等形式收集客户及相关方面意见，分析和利用这些反馈意见，改进管理体系、检验检测活动和客户服务。

实施管理体系改进应注意以下几方面问题：

1. 持续改进工作的主要输入和依据

（1）收集实验室认可、资质认定部门和实验室管理方面新的方针、政策、文件、要求等必要的信息资料，调查检验检测能力范围内标准、规范的新变化。

（2）调查社会和客户对所提供服务的新要求。

（3）调查分析组织结构、资源配置的基本情况，与上级要求和社会需求以及新标准、规范的变化情况进行比较。

（4）收集、整理并分类统计在人员监督、内部审核、质量控制、客户服务和投诉、分包等质量活动中所发现的不符合工作及采取的纠正、纠正措施。

（5）梳理并分析管理评审中对管理体系的全面评价、结论。

（6）对各个部门的质量活动工作总结进行分析、汇总。

2. 持续改进工作的机会和内容

持续改进不是预防问题发生，而是在现有水平上不断提高服务质量，过程和体系的有效性使体系更加充分、更加完善。管理层应对持续改进做出承诺，要创造全体员工积极参与的大环境，鼓励全体员工（包括管理层）在各自岗位上积极地识别改进的机会。

持续改进工作至少应包括以下内容：

（1）质量方针和目标、政策和程序的适应性。

（2）质量负责人各阶段持续改进工作情况的报告。

（3）管理评审和内部审核、人员监督活动的结果分析。

（4）不符合工作的纠正措施。

（5）资源配置和员工培训计划及其实施情况。

（6）能力验证和实验室间比对等质量控制活动结果。

（7）各项数据综合分析及专家建议。

3. 实施持续改进的工作环境

实施持续改进工作需要有以下工作环境条件：

（1）管理层的支持和领导。

（2）管理层以身作则，持之以恒地配置资源。

（3）全体员工具有共同的价值观、态度和行为规范。

（4）明确的质量改进目标。

（5）个人与个人之间、个人与组织之间广泛的交流与合作，以及相互之间的信任。

（6）尊重员工的首创精神，进行必要的教育和培训。

（7）对改进过程进行鼓励，对成功的改进进行奖励。

(8)员工有较高的士气。

(9)全体人员不断追求新的更高的目标。

4. 持续改进的组织管理

(1)实验室的负责人授权,由某一部门(通常是行政管理部门)负责持续改进的管理工作,也可以成立专门的持续改进管理机构。

(2)由负责持续改进的部门提出方针、策略、方案、目标、总的指导思想等,支持和广泛协调持续改进活动。

(3)确定持续改进的需要和目标。

(4)进行持续改进策划,制订持续改进计划,采取指定或其他方式,由有关的部门、小组或个人实施。

(5)对实施过程进行监督,给予支持和帮助,协调相关的事项。

(6)对持续改进成果进行评价和奖励。

5. 领导在持续改进中的职责

(1)确定持续改进的目标和目的。

(2)向管理层传达持续改进的目的和目标。

(3)持续改进自己的工作过程。

(4)培育广泛交流、相互合作和尊重个人的工作环境。

(5)采用必要的手段,使每个人都能够改进自己的工作过程。

(6)进行持续改进策划,必要时制订持续改进计划。

(7)为持续改进提供必要的资源。

(8)对持续改进进行鼓励,对改进成果进行评定和奖励。

(9)及时将持续改进的结果纳入有关的标准、制度和规定之中,巩固已取得的成绩。

6. 实施持续改进的主要途径

在实验室实施管理体系持续改进有两条路径:渐进式改进和突破性改进。

(1)渐进式改进应由各岗位人员对现有过程进行小幅度改进活动。

(2)突破性改进应由实验室指派有资格的人员组成专门小组对确定的改进项目加以研究,如自己研发新的检验检测方法,以超越现有的测试水平,超越顾客的期望。

此外,还可将持续改进工作报告纳入管理评审,并将管理评审输出作为持续改进的重要工作内容予以实施,将持续改进工作输入到下一年度的工作计划和目标中。

7. 持续改进的效果

持续改进可以产生以下效果:

(1)提高产品或服务质量。

(2)降低成本。

(3)改进与客户、供方、员工、所有者和社会包括政府的关系,促进相互沟通。

(4)清除工作场所的障碍。

(5)提高竞争力。

(6)为员工做贡献、求进步、争先进创造机遇。

(7)形成新的企业文化。

项目拓展实训

1. 模拟成立检测公司，了解第三方实验室的建立和运行要求。
2. 为检测公司的建立和运行提供合理化建议。

项目五
实验室设计和建设要求

学习目标

(1)掌握实验室的分类。

(2)了解实验室设计遵循的原则和理念。

(3)了解实验室设计和建设的基本要求。

(4)掌握实验室家具的基本用途和要求。

任务一　实验室的分类

实验室设计与建设根据实验室种类的不同而采用不同的方案,实验室的种类很多,可按特性划分、按学科划分或按行业划分等。

一、按照特性划分

实验室按照特性可划分为:干性实验室与湿性实验室、主实验室与辅助实验室、常规实验室与特殊实验室。

(一)干性实验室与湿性实验室

(1)干性实验室是指精密仪器室、天平室、高温室等不使用或较少使用水的实验室。

(2)湿性实验室是指进行样品处理、容量分析、离心、沉淀、过滤等常规实验而需要配备给排水设施的实验室。

(二)主实验室与辅助实验室

(1)主实验室是指进行分析、研究等核心实验的主要实验室,如精密仪器室等。

(2)辅助实验室是指为实现核心实验的辅助性实验室,如天平室、高温室、样品室等。

(三)常规实验室与特殊实验室

(1)常规实验室是指无压差及净化要求的普通化学实验室、生物实验室及物理实验室。

(2)特殊实验室是指洁净实验室、防静电实验室、恒温恒湿实验室、移动实验室等满足特殊需要的实验室。特殊实验室还包括生物安全实验室、辐射性实验室、易燃易爆危险品实验室等对人或环境有潜在危险性的实验室。

二、按照学科划分

实验室按学科划分可分为化学实验室、生物实验室、物理实验室。

(一)化学实验室

化学实验室主要从事无机化学、有机化学、高分子化学等领域的研究、分析和教学工作。一般包括理化实验室、精密仪器室、天平室、标液室、药品室、储藏室、高温室、纯水室等,主要进行样品处理、容量分析、离心、沉淀、过滤等常规实验操作或仪器分析实验等。

(二)生物实验室

生物实验室分为动物学实验室、植物学实验室和微生物实验室。

1. 动物学实验室

动物学实验室是进行毒性鉴定、安全性评价和功能机制的检验和研究的场所,包括普通动物实验室和洁净动物实验室,一般由前区、饲养区、动物实验室、辅助区组成。

2. 植物学实验室

植物学实验室主要进行植物解剖、制片染色、细胞化学成分的测定、微生物检验、基因的分离纯化、体外扩增技术、蛋白质定量测定、电泳分析等实验。

3. 微生物实验室

微生物实验室分为病原微生物实验室和卫生微生物实验室。

(1)病原微生物实验室。病原微生物实验室主要以病毒及细菌的鉴定和分类为主,实验室涉及1~4类病毒(菌),危害比较大。这种危害包括了对人的危害、对环境的危害,同时包括了对实验对象的危害。所以,病原微生物实验应在特殊的生物安全实验室中完成。

(2)卫生微生物实验室。卫生微生物实验室主要以产品监测和检验为主,危害较小或无危害,实验室对象主要是食物、化妆品、空气和水等,须重点注意环境对样品或样品之间的污染,所以卫生微生物实验主要在洁净实验室中完成。

(三)物理实验室

物理实验室包括电学实验室、热学实验室、力学实验室、光学实验室、综合物理实验室等。

三、按照行业划分

实验室按行业划分可划分为疾病预防控制中心实验室、出入境检验检疫系统实验室、产品质量检验机构实验室、农产品检验机构实验室、药品检验机构实验室、医学检验机构实验室、分析测试中心实验室、科研孵化器实验室、公安系统实验室、水质检测实验室、环境检测实验室、核电系统实验室、教学系统实验室、工厂实验室等。

虽然行业实验室根据其行业特性有不同的名称,其实都离不开干性实验室或湿性实验室的范畴,属于化学实验室、生物实验室或物理实验室。

任务二　实验室设计和建设要求

一、实验室设计遵循的原则和理念

(一)实验室设计应遵循的四个原则

1. 实用安全

实用性是保证检验检测工作正常有效开展的基础,失去实用性也就失去了实验室存在的价值。实验室建设过程中应优先考虑实用性。

另外,从实验室系统管理、功能布局、安全防控、灵活智能等角度考虑,应确保实验室人员、样品、数据、仪器设备和环境的安全,保证实验数据和结果真实可靠。

2. 服务优先

在实验室设计、建设的过程中应充分考虑到客户的需求,力求设计人性化,以服务客户作为实验室设计、建设的主要原则。

3. 节能环保

在充分展示实验室特色的基础上,应优化实验室系统工程设计,妥善处理三废,尽可能做到节能、低碳、环保。

4. 高效智能

实验室在设计、建设时应借鉴参考国际水平,与国际先进技术接轨,通过优化设计等手段提升实验室工作效率,实现实验室的集成化与智能化。

(二)实验室设计应遵循的四种理念

1. 功能性理念

要根据检验检测项目的不同,对检验检测设备进行分类,形成可以同时开展不同检验检测项目的几个区域,赋予每个区域一定的功能性,最大限度地使每个区域可以独立完成所具有的特定功能。如果两项或两项以上不相关联的检验检测项目在同一区域进行检验检测,并且在检验检测过程中相互间存在干扰,这就说明检验检测区域的功能没有得到合理的分配。

2. 安全性理念

要根据检验检测项目的不同,划分各区域的危险程度,按由低到高的顺序进行排列。对强酸、强碱、有毒、易燃物质及高压装置的储存区域应设置在高危险带,远离办公区;其他危险物质及设备设置在中危险带;而危险程度最低的区域即离办公区域最近的安全地带。实验室要对各危险等级的区域施行准入制度,确定进入各区域的人员职责。

3. 经济性理念

实验室应充分考虑设备、设施的使用频次,避免面积和空间浪费,降低防护费用等。

4. 扩展性理念

实验室应充分考虑到功能上的可扩展性,在实验室的建设理念上具有前瞻性。实验室应当为未来的发展进行预先计划，留有可扩展的空间，可以在现有各区域功能基础上，对实验室进行功能上的收缩或扩张。具备可扩展性，一方面便于实验室开展新增加的检验检测项目，提升检验检测能力；另一方面可以有效地降低实验室功能扩张时的成本投入。

(三)21 世纪实验室模式

随着时代发展，一种新的智能化的实验室出现了，它安全、健康、节能、环保、人性化、智能化、灵活可变，可满足当前实验需要且能适应未来发展，被称之为“21 世纪实验室”模式。

1. 灵活可变特色

使灵活性最大化一直是设计或改造实验建筑的重要关注点。灵活性的价值，包括便于扩建，可迅速适应重新组合和其他变化，以及允许有多种用途等。21 世纪实验室的灵活性主要体现在：

(1)灵活的供给系统。灵活的供给系统对大多数实验室来说极为重要。21 世纪实验室能够在墙和顶棚上进行方便的连接或断开，以考虑设备快速、低成本的组接。供给系统既能将满足初始的设计要求，又能适应预计的未来发展变化。

(2)灵活的室内环境。实验室正在向模块化发展。21 世纪实验室的工作台一般为可活动的，服务柱可调节移动，能充分利用实验室的空间；具有可以移动的隔断墙，可进行灵活隔断。固定在墙体或地板上的对接站包括天花式活动供给模块、电路、水路、气路以及通信等输入口，具有快速连接和断开的特点，方便与实验台组合即插即用。

2. 人性化特色

(1)适合团队研究的社会化建筑。人性化设计是尽量利用实验建筑中的空间，包括休息室、会议室、中庭空间、楼梯空间、共享的实验室设备空间、公共服务空间等，提供给人们会面并且交流的机会。

21 世纪实验室追求空间视觉美学，具有整洁明朗的外观和色彩、安全舒适的室内环境，体现时代特征的配置，可满足工作人员的健康和舒适需要。

21 世纪实验室具有灵活的工作系统和工作台，鼓励研究团队改变自己的空间以满足需要，设计有办公室和书写区作为人们以团队方式工作的场所，设计有以团队为基础的研究中心，相邻的研究团队成员所必需的合理使用公共空间。

(2)开放的实验室模式。21 世纪实验室是开放的实验室，是一种几乎允许玻璃隔断存在于任何地方的实验室。玻璃墙既可使人们不感觉到局促压抑，相互看得见，又能让他们有自己独立的空间。

3. 智能化特色

21 世纪实验室是智能化实验室，包括远程电话及电视会议、讲演设备、移动的视听设备等智能化设备。智能化实验室通过总线方式统一管理，将实验室内的各种仪器设备连接到一起实现实验室网络化，并通过各种引出方式实现与移动网络、电信网络、电视网络等连接，从而使工作人员在任何时间、任何地方任意控制内外的各种信息。不仅可以实现手机遥控、面板遥控、自动记忆等简单功能，还可以实现宽带上网、远程监控和数字电视遥控等功能。

智能化系统包括通信接入系统、电话交换系统、信息网络系统、综合布线系统、信息化应用系统、建筑设备管理系统、公共安全系统等，可根据实验室的规模和功能需求等实际情况，选择配置相关的系统。

4. 绿色环保特色

安全、健康、环保、节能是绿色实验室的四大要素，绿色实验室已成为 21 世纪实验室的主流。21 世纪实验室设置有安全防护系统，拥有以资源效率、健康环境和生产力为基础的可持续节能建筑，可降低设备能耗，提高能量效率，减少有害物质或垃圾排放，改善室内和室外环境，保护人体健康。

二、实验室设计和建设要求

实验室设计和建设是一项复杂的系统工程，一个实验室从无到有建设起来需要考虑的事项有很多，例如实验室选址、设计和施工单位的选择、平面规划布局的确定、各种系统的设计等，科学地规划设计是实验室建设工作的重要环节。

(一)实验室选址

在符合国家法律法规的前提下，实验室选址宜优先考虑基础设施完善、交通便利、通讯良好的地区，并满足发展用地的需求，同时在对将要实施的实验室项目进行充分的分析论证的基础上，结合区位因素和环境因素对实验室进行选址。

根据实验室的功能，选址应尽量避开化学、生物、噪声、振动、强电磁场等易对实验结果造成影响的污染源及易燃易爆场所。对于在检验检测过程中易对外界环境造成影响的实验室，在选址时应考虑尽量减少公害，如布置在下风向及下游地带，并采取绿化隔离、远离人群等措施。为保持良好的气象条件，一般应为南北方向。

实验室场地需要考虑通过消防验收和环境影响评价等，尤其是后期需要获得 CMA 资质认证和 CNAS 认可的实验室，还要满足其相关条件要求。

(二)实验室施工单位的选择

实验室设计与施工单位应选择具有实验室整体解决方案服务的供应商。同时，必须严格考察该单位的实力与水准，最好实地考察其已完工的成功案例和单位所在地实际情况等。

(三)初步确立实验室整体规划方案

实验室整体规划包括建设外观、风格、高度、布局等。在实验室建设之前，既要了解当下的需求又要考虑到未来的可持续发展，可以参考相关行业的实验室建设案例后再进行实验室的整体规划。

(四)实验室平面布局的设计

平面布局设计阶段应尽可能详细地考虑工作和发展的需求，统一规划设计，集中布置，合理配置空间，节约用地，尽量优化整合。实验室平面布局完善，才能确保后续的水、电、风等专业设计。此外，还可以将 CMA 资质认定和 CNAS 认可评审的要求前置到规划设计阶段，彻底规避实验室因前期规划不合理导致实验室评审通不过、整改和重建的风险。

(五)实验室空调系统

空调系统不仅仅是控制实验室的温湿度，同时还应与实验室通风系统配合，才能真正有效地保证实验室建设效果。按布置方式不同，分为分散型空调系统、集中型空调系统和局部集中型空调系统，在设计时应根据实际情况进行选择。

实验室应重视温度、湿度对检验检测工作的影响，要在关键性区域设置冷暖空调对检验检测室进行温度调节，以达到检验检测规程所要求的环境条件。要注重改善药品库、样品库、高压气瓶的存储温度、湿度调节，保证药品、样品及高压气瓶的安全。

（六）实验室通排风系统

一个符合规范的实验室除对温度、湿度要进行严格有效的控制外，还需要一套良好的通风系统，以获得足够的通风量来处理和排放实验室所产生的烟尘、异味、有毒或易燃的气体等。设置通风设备的重点区域是药品库、样品库及检验检测区域。

实验室排风系统（图 5-1）是整个实验室设计和建设过程中规模最大、影响最广泛的系统之一。实验室排风系统设计关系着整个实验室的环境及实验人员的健康、实验设备的运行维护等。

实验室通风方式一般有三种：

（1）全室通风：采用排风扇或竖井通风，换气次数一般为 5 次/h。

（2）局部排气罩通风：一般安装在大型仪器产生有害气体部位的上方。在教学实验室的上方，设置局部排气罩可以减少室内空气的污染。

（3）通风柜通风：是实验室常用的一种局部排风方式。

图 5-1　实验室排风系统竖向剖面图

（七）实验室配电系统

实验室的配电系统是根据实验仪器和设备的具体要求，经过专业的设计人员综合多方面因素设计完成的。实验室仪器设备对电路的要求比较复杂，设计配电系统时，不但要考虑现有的仪器设备情况，同时也要考虑实验室近几年的发展方向，充分考虑配电系统的预留及电路维护等问题。

实验室的电源分照明用电和设备用电。照明负荷宜由单独变压器、单独配电装置或单独回路供电，应设单独开关保护电器，照明配电箱宜分层或分区设置，大面积照明场所宜分段、分区设置灯控开关。设备用电中，24 h运行的电器如冰箱单独供电，其余电器设备均用总开关控制，烘箱、高温炉等电热设备应有专用插座、开关及熔断器。

1. 弱电系统

弱电是实验室最常用的能源之一，覆盖了实验室大多数区域。弱电系统包括：照明、各检验检测区域配电及通信系统。

实验室应对弱电系统科学布线，接线要符合弱电施工有关规范，应在每个相对独立检验检测区域内设置弱电总开关，以便在出现紧急情况时检验检测人员能及时采取断电措施。所以，电源总开关要便于操作，不要上锁，且必须有安全标志。

供电终端插座应当选用通过3C认证的合格产品。未通过3C认证，产品厂家和技术参数都不清楚的产品，虽然价格便宜，但没有安全保障，不能用于实验室供电终端，使用后的安全风险成本要远远高出产品本身价值。

弱电布局要为各检验检测室预留通信终端的接口，方便检验检测数据及资料的网络传输。

2. 高压供电系统

实验室中需要使用高压电的设备(如高温炉、部分型号的蒸馏水器等)虽然不多，但安全性也不容忽视。高压供电系统的建设要充分考虑与环境的兼容性。高压供电的电源应远离供排水管网，远离高压供气装置，应设置检验检测区域的安全保护装置。

3. 照明系统

实验楼内各种用途的房间对照度的要求并不完全一样，凡进行精细工作的房间就要求比进行粗糙工作的房间有较高的照度。照度要求高就须多装灯具或增大光源的容量，相应也会增加建设投资和日常维护费用。

一般情况下实验室宜采用光扩散性能好、亮度低、发光表面积大的灯具，除暗室外，不宜用裸灯。重要实验场所和室内走廊上应设置应急照明，以备夜间突然停电时使用。

通用实验室宜采用荧光灯，层高大于6.0m的实验室宜采用高强度气体放电灯。对识别颜色有要求的实验室，宜采用高显色性光源。电磁干扰要求严格的实验室，不宜采用气体放电灯。暗室、电镜室等应设单色(红色或黄色)照明，入口处宜设工作状态标志灯，生物培养室宜设紫外线灭菌灯。潮湿、有腐蚀性气体和蒸汽、有火灾危险和爆炸危险等场所，应选用具有相应防护性能的灯具。

(八)实验室供气系统

实验室很多设备的运行都需要各种各样的气体供应，气瓶室的安全性必须得到保障。

实验室高压供气系统主要指实验室内的高压气瓶供气装置。

高压气瓶应分类保管，直立固定，放置在干燥、通风良好、凉爽的地方，远离腐蚀性物质，避免明火及其他热源，防止阳光直射，库房的温度不宜超过30 ℃。不能将高压气瓶存放在地下室或半地下室内，以防潮湿生锈。库房内应配备相应品种和数量的消防器材。库房内的照明、通风设备的电源开关应设在库房外。

(九)实验室给排水系统

实验室给排水跟建筑的给排水是一体化的产物,因此设计工作必须由专业人员根据实验室所配置的实验台所需给、排水的要求来确定,然后设计整体工程的给、排水布局。

给排水系统的设置要充分考虑实验室的实际情况,科学设计实验室中给排水管道的安装走向,尽量避免管道从不需要供排水的房间穿墙而过。

实验室应当根据各区域功能,确定取水口位置,在实验室内部装修时应为供排水管网预留出相应位置。

供水要保证必需的水压、水质和水量,满足仪器设备正常的需要。室内总阀门应设在易操作的显著位置。生活用水与实验用水的取水口必须分开,保证生活用水与实验用水管道的相对独立,避免互混,尤其是保证生活用水不被化学试剂污染。

下水道应采用耐酸碱腐蚀的材料,地面应有地漏。要避免实验用水直接排放,对含有有毒、强酸、强碱、易燃易爆物质的废水要有无害化处理措施或装置,确保废水达标排放,符合环保要求。

(十)实验室消防系统

规范的消防系统是确保实验室安全的重要保证。实验室应有完整的安全事故预防措施,并覆盖整个实验室的每个功能区域,重点是热工和高压供电区域。

实验室对消防的要求会比普通场所要高一点,实验室设计要结合具体情况采用不同的消防措施来保障实验室的消防安全。

实验室的建设和内部装修要采用符合防火等级的防火材料,设置室内消火栓和消防泵等消防设施。

如果可能,实验室应配置火灾报警装置。一定要保证紧急疏散通道的畅通。

(十一)实验室环境保护系统

实验室环境保护系统主要是指废水、废气、固体废弃物及噪声的处理和药品试剂存放中的危害性监控。

实验室应当设置相适应的设施,对废水进行无害化处理,对烟尘进行过滤排放,对有害固体废弃物分类管理与回收,在严格控制下对废弃物进行妥善处置,使其达到环保要求。

(十二)实验室家具的选择

在按照实验室的布局选择合适的实验室家具时,首先应考虑家具能充分满足工作所需,其次再考虑家具的材质、结构、颜色搭配等要素。

(十三)实验室室内装修装饰

实验室装修时,天花板不要采用大块的整体结构,这样会对后续的施工维护造成隐患。参观走廊两侧或大型仪器室可采用落地玻璃幕墙设计,这样更加通透明亮,便于管理和参观。

(十四)实验室设计与建设及验收参考标准

(1)《检验检测实验室设计与建设技术要求》GB/T 32146 系列标准。

(2)《检验检测实验室技术要求验收规范》GB/T 37140—2018。

三、实验室的建筑布局

(一)实验室的结构与楼面荷载

1. 实验室结构

结构布置与实验室建筑模数密切相关。实验室经常采用的结构形式有两种,即承重砖墙与钢筋混凝土梁板结构、钢筋混凝土框架结构。

承重砖墙与钢筋混凝土梁板结构简称混合结构,适用于1～5层实验室。这种结构形式造价较低,施工较快,适用于一般实验室。

钢筋混凝土框架结构简称框架结构,适用于5层以上的实验室,也适用于跨度大、层高高的1～5层实验室。

2. 实验室的楼面载荷

楼面活荷载也称楼面可变荷载,是施加在楼面结构上的由人群、物料和交通工具引起的使用或占用荷载和自然产生的自然荷载。为了便于设计,一般可采用对结构构件引起相同效应的等效均布活荷载来代替。

根据GB 50009—2012《建筑结构荷载规范》,一般实验室楼面均布荷载标准值为2.0 kN/m^2(相当于每平方米楼面承受活荷载200 kg),荷载较大的实验室按实际情况确定。办公楼活荷载为1.5 kN/m^2,一般资料档案室活荷载为2.5 kN/m^2,档案库活荷载为5.0 kN/m^2。

(二)实验室的平面系数

在建筑设计过程中经常会碰到总建筑面积、建筑面积、使用面积、辅助面积及平面系数等经济指标。

总建筑面积指几幢实验室楼建筑面积之和。建筑面积为一幢实验楼各层外墙包围的水平面积之和,包括地下室、技术夹层(层高超过2.2 m)、层面通风机房、电梯间、有柱子雨棚等。使用面积是指实际有效可利用的面积。辅助面积是指门厅、走廊、楼梯、电梯、厕所、卫生通过室、管道、竖井、墙厚、柱子等面积之和。使用面积等于建筑面积减去辅助面积。平面系数(用K表示)等于使用面积除以建筑面积。

在实验室建筑设计时,首先应考虑使用面积,然后再根据平面系数确定建筑面积。如果平面系数不当,就会造成建筑面积过多或过少。实验室平面系数为50%～70%,体型比较简洁的一般化学、生物、物理实验室,平面系数幅度在65%～70%之间。有管道竖井的化学实验室,平面系数在60%左右。低温超导量子实验室等特殊建筑的平面系数约为50%。在建设实验室时,其建筑面积的定额大体可参考表5-1所示的科研工程规划建筑面积指标。

(三)实验室的建筑模数

实验室的建筑模数又称实验室空间尺度,一般是指实验室的开间、进深、层高、走廊的尺度,可根据实验人员的活动范围及按仪器设备的布置需求确定。实验室单元以实验室所必需的尺寸和结构系统的成本效益为基础。假如单元模块太宽,建筑的使用面积比率将达不到应有的效率,建筑成本将会增加;假如单元模块太窄,会导致过道太窄或者工作台空间不足。前者降低了空间的使用率，后者造成了不安全的实验环境。

表 5-1　科研工程规划建筑面积指标　　m²/人

人员规模/人	100	200	400	600	900	1 200	1 500
数学学科	30.0	29.0					
物理学科							
理论物理	30.0	29.0					
实验物理		50.9	49.6	48.3	46.4	44.5	
力学和声学		40.7	39.7	38.7	37.1	35.6	
核物理			68.4	67.5	66.1	64.8	63.4
化学学科							
化学		49.0	48.0	47.0	45.5	44.0	
化工		61.0	60.0	59.0	57.5	56.0	
天文学科							
天体物理和天体测量		40.0	37.0	34.0			
授时		48.0	45.0	12.0			
人卫观测	32.0						
地学学科							
地理	42.0	41.5	40.5	39.5	38.0		
海洋			47.0	46.0	44.5	43.0	
土壤	50.0	49.5	48.5	47.5	46.0		
地质	52.0	51.5	50.5	49.5	48.0		
生物学科							
实验生物	46.5	45.9	44.6	43.4	41.5		
动物		51.0	49.7	48.4	46.5		
植物		62.5	61.5	60.5	59.0	57.5	
技术科学学科							
计算机技术		46.4	45.6	44.7	43.5	42.2	
半导体与电子技术		51.8	50.7	49.6	47.9	46.2	
应用技术		44.4	43.7	43.0	41.9	40.8	
自动化技术		42.4	41.7	41.0	39.9	38.8	
光电技术					46.0	45.0	44.0

注：科研机构全体人员规模包括编制人员、主管部门核定的聘用人员、规划指标包含的科研工。作用房范围是指：①科研用房；②科研辅助用房；③公共设施；④行政及生活服务用房。

1. 开间

开间是指相邻两个横向定位墙体间的距离。因为是就一自然间的宽度而言，故又称开间。实验室的开间模数主要取决于实验人员活动空间以及工程管网布置的必须尺寸。一般的生物、化学、物理类实验室开间模数为 3.2 m、3.3 m、3.4 m 或者 3.6 m。

从实验室人员的活动尺度来看，实验台宽度一般约为 0.75m；两排实验台之间的净距为 1.5～1.8 m 之间，两人能在两边坐着或者站着做实验，必要时中间可走动一个人；有些物理、电子实验室的实验台桌面宽为 0.9 m，实验台之间距离为 1.65 m。不同状态的实验台放置间距尺寸汇总见图 5-2。

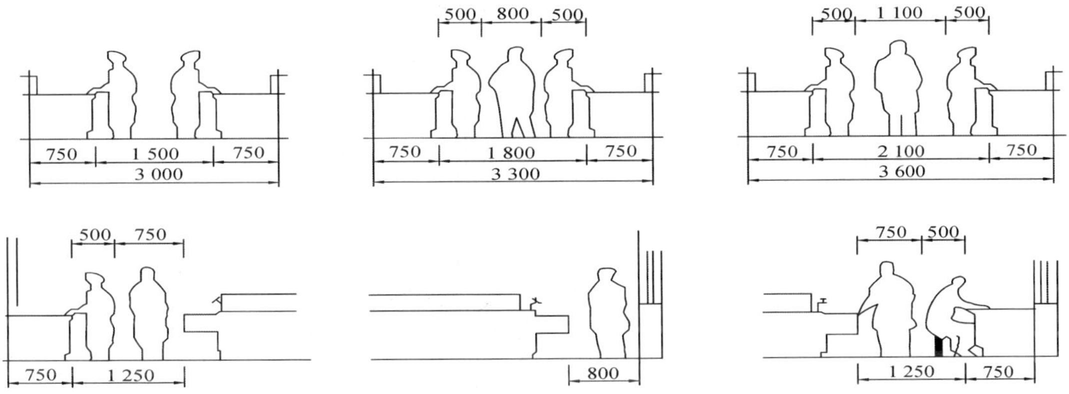

图 5-2　实验台放置的必要间距

2. 进深

进深是指一间独立的房屋或一幢居住建筑从前墙壁到后墙壁之间的实际长度。实验室的进深尺寸关系到实验台的长度、实验室面积、采光通风、结构布置等方面的问题。以化学实验室为例，进深尺寸一般为 6～7 m，有的达 8 m。

目前我国一般实验室大多数为天然采光，要求一定的开窗面积，所以进深不宜太大。再则限于经济条件，每个科研人员所使用的实验面积也不宜过大。实验室的进深尺寸与结构布置方案有密切关系，当采用横向承重结构时，普遍的进深尺寸为 5.6～7.2 m；采用纵向承重结构时为 6.0 m；采用框架结构时，一般为 6～7 m。

3. 层高

层高是指楼板面到另一楼板面的高度。净高是指楼板面至另一楼板底面（或吊平顶面）的距离。

考虑到放置较大型的仪器设备，底层的层高较高，一般为 3.9～4.2 m。电镜室、精密仪器室需要做木地板和吊平顶的结构，考虑到设备的安装和使用要求，还需另定合适的底层层高。实验室的上层层高一般为 3.6～3.8 m。

化学实验室的模数示意图如图 5-3 所示。

计算机房由于电缆较多，需要设置地缆沟或架空地板。架空地板的高度一般为 0.4 m，地板下面的空间可以作为回风道。机房净高一般以 2.4～3.0 m 为宜。

洁净实验室比一般实验室的净高要低些，一般为 2.5 m 左右，主要是为了节约空调耗能及采用人工照明。

4. 门窗

(1)门。1 m 宽的门可以满足人员出入和大多数器材、设备、冰箱、烘箱等搬动的要求。为了应对偶发事件，也可以采用 1.2 m 宽不等扇的双扇门，平时关上小扇，人员由大扇出入。

实验室的门一般向内开，但有危险性（如石油、有机、高压）以及防爆实验室的门应向外开。

实验室的门除有特殊要求外，最好在门上设一玻璃观察窗，以便值班人员进行安全

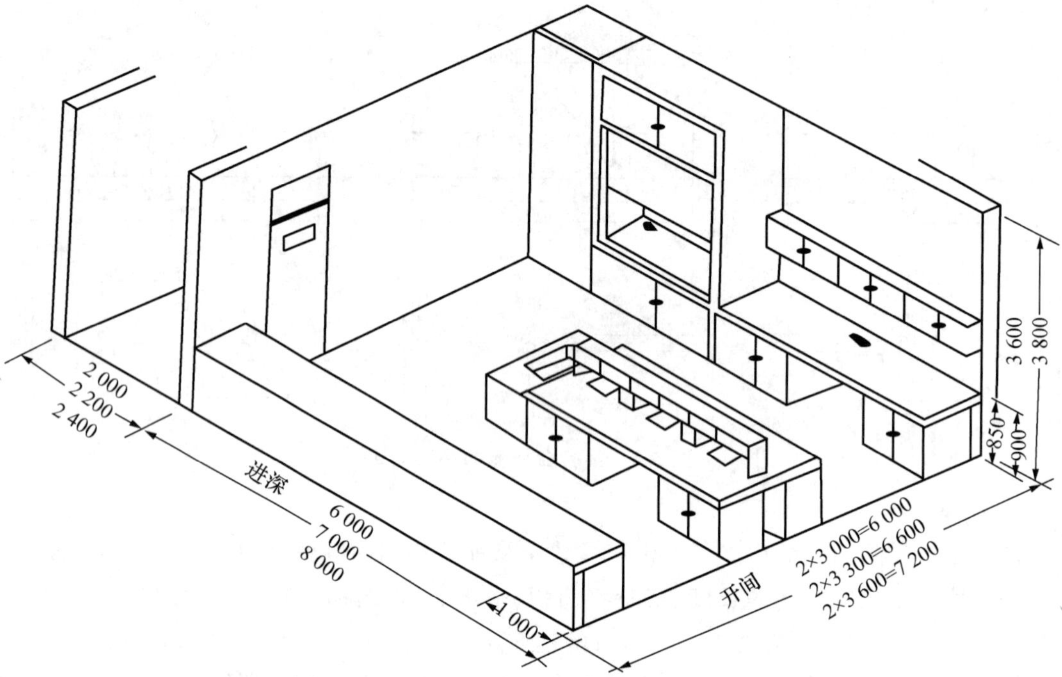

图 5-3　实验室模数示意图

观察。

实验室的门一般为木门，有些门如为满足安静要求而设置的隔声门、冷藏室的保温门、防止电磁干扰的屏蔽门以及有防尘要求设置的密闭门等，由于功能不同，材质亦不同。

(2)窗。窗台离地面以不低于 1 m 为宜，窗的高度在可以利用天然采光的情况下，不妨大一点。

5. 隔离措施

当相邻区域的活动相互之间有不利影响时，要采取隔离措施。检验检测区域要与办公场所分离，以防止对检验检测工作质量产生不利影响。实验区域要合理布局，例如，仪器室要与化学处理室分开，天平室应与有冲击、振动的实验室分开等。实验区域要有明显标识。

四、环境检测实验室规划设计布局

一个现代化的环境检测实验室不仅要有高精尖的科学分析仪器，更重要的是要有科学的实验室规划设计布局和先进的实验室管理理念。

(一)平面设计

1. 设计符合人体学

在做实验室平面设计的时候，首先要考虑的因素就是安全。实验室是最容易发生爆炸、火灾、毒气泄漏等事件的地方，所以在做平面设计的时候，应尽量地保持实验室的通风流畅、逃生通道畅通。为了在工作发生危险时易于疏散，实验台过道全部通向走廊。实验室走廊净宽度宜为 2.5～3.5 m，普通实验室双门宽以 1.1～1.5 m 为宜，单门宽以 0.8～0.9 m

为宜。

2. 实验室功能分类

根据检验检测分析功能的不同，环境检测实验室主要可分为五类：普通化学实验室、物理实验室、仪器分析实验室、洁净实验室（无菌实验室）和辅助实验室。普通化学实验室主要是进行容量分析、离子测定、氧化还原等实验；物理实验室主要是进行物理性检测分析实验；洁净实验室主要是通过人为的手段，应用洁净技术实现控制室内空气中尘埃、含菌浓度、温湿度与压力，以达到所要求的洁净度、温湿度和气流速度等环境参数；辅助实验室主要用于存放实验室设备，有天平室、高温室、纯水室、钢瓶室、储藏室等。

(1)仪器分析实验室。精密仪器室要求具有防火、防震、防电磁干扰、防噪声、防潮、防腐蚀、防尘、防有害气体侵入等功能，室温尽可能保持恒定。需要恒温的仪器分析实验室可装双层门窗及空调。

仪器分析实验室可用水磨石地面或防静电地板，不推荐使用地毯，因地毯易积聚灰尘，还会产生静电。

气相色谱室及原子吸收分析室因要用到高压钢瓶，最好能在室外就近建钢瓶室（方向朝北），放仪器用的实验台与墙距离 50 cm，以便于操作和维修，室内要有良好的通风设施，原子吸收仪器上方设局部排气罩。

在设计专用的仪器分析实验室的同时，就近配套设计相应的化学处理室。

(2)普通化学实验室。普通化学实验室的建筑应用耐火或不易燃的材料建成，隔断和顶棚设计也要考虑到防火性能。可采用水磨石地面，窗户要防尘，室内采光要好。实验室应设两个出口，以利于发生意外时的人员撤离。

(3)辅助实验室

①药品储藏室。由于很多化学试剂属于易燃、易爆、有毒或腐蚀性物品，故不要购置过多。储藏室仅用于存放少量近期要用的化学试剂，且要符合危险品存放要求，要具有防明火、防潮湿、防日光直射、防雷电的功能。药品储藏室房间应朝北，干燥、通风良好，顶棚应遮阳隔热，门窗应坚固，窗应为高窗，门窗应设遮阳板，门应朝外开。易燃液体储藏室室温一般不许超过 28 ℃，爆炸品不许超过 30 ℃，少量危险品可以铁板柜或水泥柜分类存放。室内设排气降温扇，采用防爆型照明灯具，具有消防器材。亦可用符合上述条件的半地下室作为药品储藏室。

②钢瓶室。易燃或助燃气体钢瓶要求安放在室外的钢瓶室内。钢瓶室要求远离热源、火源及可燃物储藏室。钢瓶室要用非燃或难燃材料构造，墙壁用防爆墙，轻质顶盖，门朝外开。要避免阳光直射，并有良好的通风条件。钢瓶距明火热源 10 m 以上，室内设有直立稳固的铁架或钢瓶柜用于放置钢瓶。

(二)结构功能设计

实验室专用基础配套装备主要分三大部分：

1. 实验台部分

根据监控中心实验室设计功能，主要涉及三类实验台：物理实验台、化学实验台、生物实验台（主要用于净化无菌实验）。

2. 仪器台部分

仪器台对承重性、稳定性、抗外干扰、电控要求很高，要求气体配送严格、安全、可靠、方便、易管理。承重最好达到 500 kg 以上，用于仪器分析实验室。

3. 功能柜部分

功能柜的主要作用是服务和储存，涉及安全、环保问题。功能柜按目前主流设计主要有全木和钢木两种，根据具体需要分别选择。

(三)给排水系统

按照用水和排水性质的不同，实验室的给排水系统可分为实验给排水和日常给排水两类，给排水管道各自独立。

根据实验室用水需求，实验室给水有实验过程用水、日常用水和消防用水。给水方式通常是将上述三种用水合并为一个给水系统，由城市给水管网直接供水。高度超出城市给水管网水压范围的实验楼，应设置加压设备，宜选择变频加压供水装置，不宜采用屋顶水箱供水，避免给水的二次污染。实验过程中使用的纯水，可以在实验室安装纯水系统、超纯水系统或蒸馏水器自行制备供给。其中，实验室供水在水嘴的配备上应分别配备急流水嘴和缓流水嘴。单联水嘴为急流水嘴，单配 PP 水槽(MBc-032)，双联水嘴为缓流水嘴，单配 PP 水槽(MBc-029)；日常用水供水水嘴配备规格参照民用建筑生活用水管道配件规格。

室内消防给水系统包括普通消防系统、自动喷淋消防给水系统和水幕消防给水系统等。实验楼、库房等建筑物在必要时应设立室外消防给水系统，由室外消防给水管道、室外消防栓、消防水泵等组成。

实验室废水不能直接排放，通过实验室废水排放系统排入实验废水处理装置，或采取有效的处理措施，经综合处理达到排放标准后排入城市排水管网；日常用水的废水则直接排入城镇生活污水管网。

(四)电控系统

环境检测实验室用电主要包括照明电和动力电两大部分。照明电用于照明，动力电主要用于各类仪器设备用电和电梯、空调等的电力供应。实验室供电系统也是实验室最基本的条件之一。实验室区域要求兼有交流、直流电源，以及单相、三相两种电源插座，并伴有稳压要求。仪器分析实验室还要求有防电磁干扰，接地和电磁屏蔽设施。电源插座有 10 A、13 A、16 A、20 A，常设有漏电保护开关、过载保护开关等。

(五)气体配送系统

环境检测实验室用气主要由不燃气体，如氮气、二氧化碳等；惰性气体，如氩气、氦气等；易燃气体，如氢气、一氧化碳等；助燃气体，如氧气组成。除不燃气体、惰性气体外，其他气体不进入实验室，通过输气管接到各实验室内。一般气相色谱室配置氦气、氮气。气-质联用室配置氦气、氢气、氧气。氢气管线上的连接管件都要连接后焊接，严禁有泄漏的可能。所有的管线在安装完毕后一定要做气密性试验，并在使用前要先除油。由于管道细小，管间距小，安装过程中可依据现场情况进行调整，保证间距不小于 45 mm。气瓶装瓶时，易燃易爆与惰性气体同柜，杜绝两种易燃气体同瓶装一柜。

(六)通风系统

实验室内存在许多不利于人体健康的化学物质污染源，特别是有害气体，所以排风非常重要。实验室的通风控制系统既要安全，又要符合节能的要求。实验室常用的排风设备主要有：通风柜、原子吸收罩、万向排气罩、吸顶式排气罩、台上式排气罩等。

五、实验室家具

作为实验室人员工作场所的实验室，首先要安全，其次要实用，再次才是美观。在实验室建设时，必须针对实验室工作内容、环境条件及具体要求进行家具的设计和选型。实验室家具的布局、功能、灵活性设计是实验室建筑设计的重要组成部分之一。

(一)实验室家具分类

1. 按功能分类

实验室家具按功能可分为实验台与实验柜。

(1)实验台。包括理化实验台、仪器台、天平台、洗涤台、取材台、高温台等。

(2)实验柜。包括安全储存柜、药品柜、毒品柜、器皿柜、防火柜、文件柜、更衣柜、标本柜、样品柜、气瓶柜等。

2. 按材质分类

实验室家具根据用料不同可分为木质结构、钢木结构与全钢结构。

(1)木制家具。用材主要为人造板，色彩丰富，个性化强，适合追求个性的用户，但其耐潮湿能力及承重力稍弱，不适用于潮湿的实验室及高承重要求的环境。

(2)钢木结构家具。由金属框架与木制柜体组成，实验台可配活动下柜体或固定柜体，性价比高，但款式单一，适合追求经济效益的用户。

(3)钢制家具。采用冷轧钢板经酸洗磷化后表面烤环氧树脂而制成，承重性能好，结实耐用，综合性能最强，适合预算充足且要求高的用户。

(二)实验台

1. 实验台分类

(1)按结构分类。实验台根据结构形式不同可分为固定实验台、悬挂实验台、分体实验台与移动实验台。

1)固定实验台。固定实验台是一种传统的布置，落地柜支撑台面，灵活性不足。

2)悬挂实验台。悬挂实验台的柜体在落地的金属框架上，防潮性能好、灵活性稍强，柜体可以重新布置而不影响工作台系统的其他部分。

3)分体实验台。分体实验台的水电气服务系统与实验台属于两部分，它们既可分开又可有机地结合，实验台可以轻易移动，可以重新布置而不需要新装水电气系统，灵活性最强，适合分步采购或为未来预留发展空间的用户，是未来的主流产品之一。但这种实验台价格较贵。

4)移动实验台。移动实验台装有轮子，为用户创造和改变他们自已的实验室空间提供了一些灵活性。移动实验台的物件可以轻松地从一个地方移到另一个地方。许多桌子、推车和工作台物件可以轻松移动，也可以垂直调节高度以更加符合人体工效学需求。

移动实验台初始造价比固定实验台要高。若根据实验需要,将固定实验台与移动实验台结合起来,可降低成本又保持灵活性。

(2)按布局分类。实验台根据在实验室布局不同,可分为一字形、L形、半岛形、岛形(图5-4)。

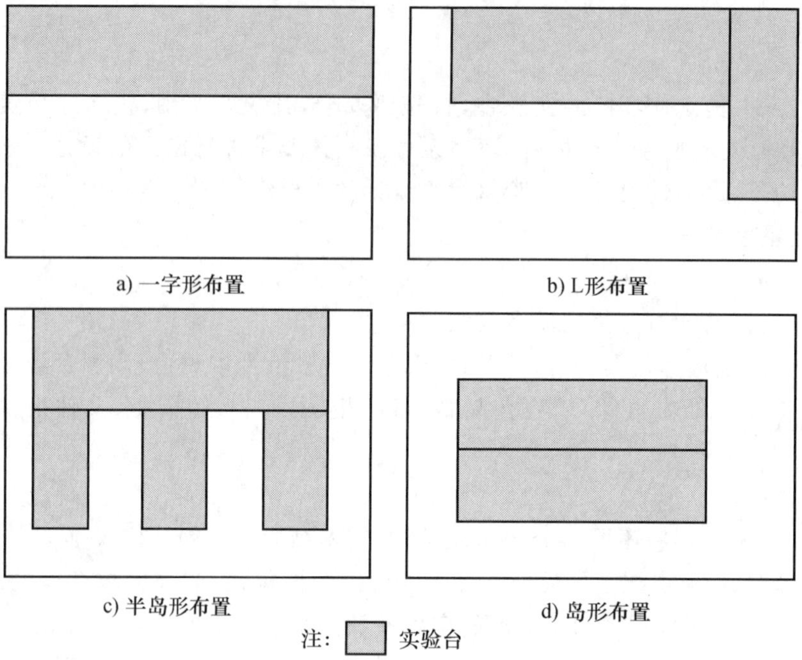

图5-4 实验台布局

1)"一"字形。实验台采用一字形布置方式,适用于小型实验室或大实验室边台。

2)"L"形。实验台与实验室的两相邻墙壁平行布置且留维修通道,适合精密仪器室。

3)半岛形。实验台的一端靠墙,适合大型实验室及理化室,空间使用率高。

4)岛形。实验台布置在实验室中间,方便实验人员工作与逃生,效率及安全性最高。

2. 实验台的规格和用途

实验台主要由台面、台下的支架和器皿柜组成。为方便操作,台上可设置药品架,台的两端可安装水槽。如图5-5所示。

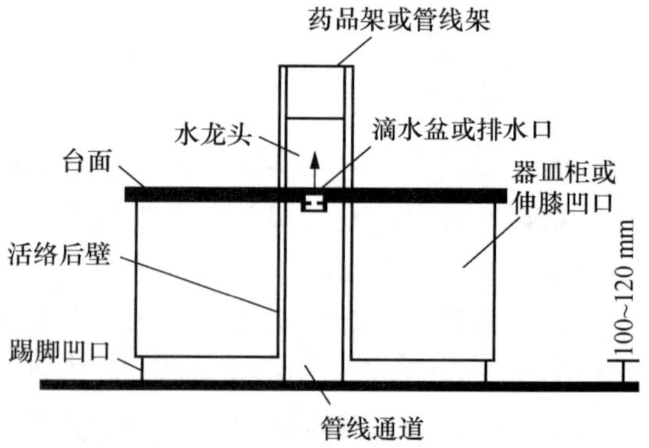

图5-5 化学实验台示意图

(1)长度。每名实验人员所需要的实验台长度,由于实验性质的不同,其取值的幅度差别很大。通常做实验宜考虑每人1 200 mm,最小不应小于1 000 mm,而有机化学实验台则须长一些,可取1 400~1 600 mm。美国的教学实验台,每人的长度为1 220~1 750 mm。科研人员所需的实验台长度应考虑各科研人员所从事的实验的具体要求,美国为每人3 500~4 000 mm,德国和瑞士为每人 3 000 mm。

(2)台面高度。一般宜取 850 mm 高,如果男实验人员占较高比率也可考虑取 900 mm。对某些特殊的实验工作也有做成较低的,如高 750 mm 左右。美国、德国的实验台高度为 900～920 mm,日本为 800 mm。

(3)宽度。实验台的每面净宽一般宜考虑 750 mm,最小不宜少于 600 mm,台面上药品架部分可考虑宽 200～300 mm。美国实验台每面净宽 584 mm,双面为 1 470 mm,英国双面试验台为 1530 mm,德国双面实验台为 1 550～1 700 mm。建议双面实验台采用 1 500 mm,单面实验台为 650～850 mm。

3. 实验台台面

理想的实验台面应平整不易破碎、耐酸碱及溶剂腐蚀、耐热、不易碰碎玻璃仪器等。目前,我国市售的实验台台面材料主要有以下几种:

(1)木台面。通常采用实心木台面。它具有触感暖和、容易修复、玻璃器皿不易碰坏等优点。其缺点是木材的处理或制作方法如不够妥善,会发生开裂、翘曲。台面的厚度宜取 32 mm,木材以麻栗为佳,也可采用桦木、械木等。台面可采用传统的生漆或苯胺黑处理,以增强其耐酸性能,也可采用耐腐合成树脂涂料。由于优质木材来源少,也有考虑采用 32 mm 的复合板材的台面,中间有木筋,面层可做成各种适用的合成材料。

(2)水泥石料台面。水泥石料台面由钢筋混凝土加水磨石或大理石、天然花岗岩等无机石料制成。主要应用于固定式实验台,具有平稳、坚固、耐高温等特点。用于化学实验台一般都铺设较厚的橡胶皮板,也可用于钢支架上的实验台面。

钢筋混凝土结构台面也可铺贴瓷砖。瓷砖虽不耐氢氟酸,但对其他药品和溶液的耐受性良好,其缺点是玻璃器皿易被碰坏。瓷砖宜用耐酸材料铺贴。

(3)钢制台面。钢制台面一般用不锈钢制作,厚度一般为 1.2 mm。耐热、耐冲击性能良好,防锈、沾污染物易除去,且具有优良的承重能力,可安装在钢管框架上使用。这种台面美观耐用,适用于除化学实验室以外的其他实验室,例如放射化学、生物化学和油料化验等,但价格较高。

(4)合成树脂台面。合成树脂台面由一种高密度、高分子的现代合成树脂材料制成,具有良好的物理性能和耐化学腐蚀性能。合成树脂多为三聚氰胺甲醛树脂、环氧树脂等。目前市场上有很多环氧树脂台面,但主要依赖外国进口。此种台面性能良好,从耐酸碱、耐高温耐冲击刻划能力和性价比方面来说,合成树脂台面是目前实验室的首选。

(5)耐蚀理化板台面。面材为 1 mm 厚的耐蚀理化板,框架及蜂窝结构,可耐酸、碱、强氧化剂等,耐刮、耐磨、耐高温、表面无毛细孔,为环保材料,有黑、白、灰等颜色。

(6)薄型实芯理化板台面。面材为 6 mm 厚的实芯理化板,其性能与耐蚀理化板相同。

(7)整体实芯理化板台面。由厚度 12.7 mm,15 mm,20 mm,25 mm 的实芯理化板加工修边成型,表面无毛细孔,易清洗,具有较好的耐酸碱腐蚀性,是一种较理想的台面材料,适用于洁净实验室。

(8)高级装饰防火板台面。面材为 1 mm 高级装饰防火板,框架及蜂窝结构,表面光滑均一,颜色有黑、灰白、绿等多种。

(9)TRESAP(千思板)。成分为70%的木质纤维,30%的三聚氰胺树脂,采用双电子束扫描专利技术将三聚氰胺附在面层,经高温高压成型。广泛应用于化学、生物、物理等实验室,使用寿命较长。

(10)理化贴面板。由添加特殊成分酚醛树脂含浸的牛皮纸、色纸及特殊表层纸经高温、高压处理而成。具有耐酸碱、耐撞击、耐热特性,经济、耐用(配合基材使用),多用于医院、照相馆暗室和产品测试实验室。

目前也有用人造石作为实验台面。这种台面较美观、防水,但防酸碱性较差,防有机溶剂如苯酚等的能力则更差。另有一种威盛亚实芯理化板,这种台面料各种性能均好,特别是耐强酸碱性能非常好,但价格昂贵。

4. 实验台的边台

实验台配以转角台,可以在有限的空间里发挥最大的功能,与吊柜结合,又可充分增加其实用性。钢木结构边实验台,加配多功能组合架,不仅可以充分利用空间,还可以利用边台自身结构支撑实验室吊柜。边台可根据实验研究的需要随意更换。

5. 天平台

实验室里常用的天平大多为台式(图 5-6)。分析天平可以设在稳固的固定防震工作台上,高精度机械分析天平的天平台对防震的要求较高。

图 5-6 天平台(加减震座)

在设计天平室时虽然已经考虑了尽量使其远离震源,并对可能存在的震源采取了积极隔震措施,但是环境的震动影响或多或少是始终存在的,如人的走动、门的开关等,故天平台必须有一定的防震措施。天平台的平衡可通过调节装于天平台底部的可调脚来完成。

单面天平台的宽度一般为 600 mm,高度一般为 850 mm。天平台的长度可按每台天平占 800～1 200 mm 考虑。天平台由台面、台座、台基等多个部分组成,有时在台面上还附加抗震座。为了进一步保持天平的洁净和免受气流的影响，可以考虑设天平罩，使用时将天平推入罩内。

天平台宜采用具有足够刚度的钢筋混凝土台板，其面层通常采用水磨石，也可采用其他光洁的材料，如花岗岩台面。一般精密天平可采用 50～60 mm 厚的混凝土台板，台面与台座(支座)间设隔震材料，如隔震材料采用 50 mm 厚硬橡皮，支座亦可用砖砌筑。高精度天平下的部分台面可以考虑与台面的其余部分脱离，以消除台面上可能产生的震动对天平的影响。独立的台座与台面间应设减震器或隔震材料。减震器的选用应根据天平与台面的质量通过计算确定。

天平台建成后，经试用或测试尚不能完全符合试用要求时，可在台上附加减震座，也可采用特别的弹簧减震盒。在天平仪下试铺不同厚度和种类的隔震垫片，同时用木榔头敲击台面，看其对天平的影响程度，亦是一种简单可行的办法。出于防震考虑，天平台最好设在楼面大梁的上方，而不要在板的跨中；就梁上来说，近柱子处比在梁跨中处好。

6. 特殊仪器工作台

放置仪器设备使用的工作台一般要求平稳坚固，有承重要求或隔热要求(图 5-7)。例如放置原子吸收光谱仪、分光光度计、测光仪等的工作台一般用固定式钢筋混凝土结构制成，台面用水磨石、大理石、花岗岩等石料制作，下部放木制柜。市售的工作台有钢制结构加高级装饰板、不锈钢台面的，承重 300 kg、500 kg、800 kg 不等，只要满足功能需要即可选用。放置马弗炉、恒温干燥箱等仪器的工作台，除承重要求外，还有隔热、阻燃等要求。

图 5-7　特殊仪器工作台

(三)实验柜

通用实验室的内墙上宜设置嵌墙式或挂墙式物品柜(架)。物品柜(架)底距地面不应小于 1.20 m。物品柜(架)应具有足够的承载能力，并应与墙体牢固连接。物品柜(架)横隔板的位置应上下可移动。

1. 安全柜

现代实验室对剧毒药品和危险性化学品的管理越来越严格。安全柜(危险品保管柜)就是适用于这类危险物品简单保管和短期保管的实验室家具。

根据储存物品的不同，安全柜可分为毒品柜、防爆柜、酸柜、挥发性试剂柜等；根据尺寸大小可分为独立存放的立体柜和放在通风柜下面的柜体。

毒品柜用于储存有毒物品，需要配双锁，可调节温湿度。

防爆柜用于储存易燃易爆物品，配自动闭门器、防爆门，有 30、60、90 等多种级别，分别表示即使实验室发生火灾，柜内物品在 30 min、60 min、90 min 内也不会爆炸，可赢得灭火或撤退时间，保护人员安全，降低实验室受到损害的风险。

酸柜用于储存酸性试剂，一般采用高分子材料制作，最常见的材料为聚丙烯。

挥发性试剂柜用于储存挥发性试剂，一般在试剂柜上部配备过滤器与小型风机，可定时抽掉挥发性气体，并经过滤器过滤后排出柜外，避免挥发性气体长期积聚在柜内腐蚀柜体或造成其他危险。根据储存物品的不同，可选用不同的过滤器。

2. 药品柜

药品柜是化学实验室必不可少的储藏柜(图 5-8)，主要放置化学试剂。化学试剂须按固体、液体、有机、无机、酸、碱、盐等分类放置，便于查找和安全储存。药品柜可设置玻璃门，柜体也应具有一定的承重能力和防腐蚀性。药品柜分为抽屉式、阶梯层板式、可升降层板式。尺寸一般为 900 mm(宽)×500 mm(深)×2 000 mm(高)。

图 5-8 药品柜

3. 样品柜

放置各类实验样品用的样品柜，有可分格且可贴标签的隔板，便于存放不同样品和查找样品。尺寸一般为 900 mm(宽)×500 mm(深)×2 000 mm(高)。

4. 器皿柜(玻璃器皿干燥柜和保管柜)

在器皿柜内，洗净后的玻璃器皿挂在托架上保存；托架用导轨与柜体固定，可以随意拉出，方便玻璃器皿存取。托架有不锈钢层板和抗倍特层板两种，不锈钢层板档次较高，价格也贵。托架上开孔，各层托架可根据器皿尺寸大小调节位置。不同尺寸的器皿柜存放不同规格的实验器皿。器皿柜应通风良好，并易于清洁和干燥。尺寸一般为 900 mm(宽)×500 mm(深)×2 000 mm(高)。

5. 钢瓶柜

钢瓶柜用于放置气瓶(图 5-9)。由于气瓶属于高压容器，存在一定的危险性，为了安全起见，钢瓶柜一般采用钢材制作，具有防腐阻燃的特性，内有气瓶固定架(图 5-10)，可保证钢瓶牢固、安全。有些钢瓶柜设计有通气孔，并配备气体泄漏报警器——根据气体不同分为可燃性报警器与非可燃性报警器，还有些具备防爆功能，并在柜子上方设有泄爆口。钢瓶柜一般分为单瓶和双瓶两种规格，尺寸分别为：450 mm(宽)×500 mm(深)×2 000 mm(高)、900 mm(宽)×500 mm(深)×2 000 mm(高)(图 5-11)。

图 5-9　钢瓶柜

图 5-10　单瓶和双瓶钢瓶柜内部

图 5-11　单瓶和双瓶钢瓶柜

6. 更衣柜

有些实验室对于室内洁净度要求较高，需要实验人员在进入实验室前更换专用的实验服。为此，可设专门的更衣室或设室内更衣柜。

(四)实验室椅凳

根据实验需要,实验室可用钢制或木制的椅凳(图 5-12)。为方便实验和节约空间,通常用圆凳,有些钢制圆凳还可调节高度。仪器实验室可用带滑轮的靠背椅,便于操作。

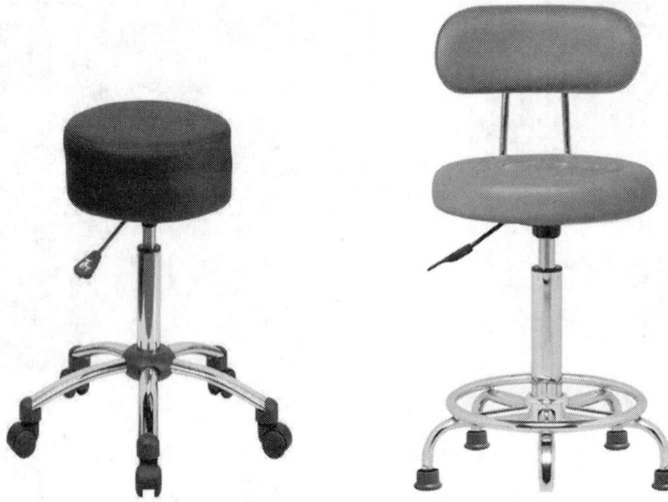

图 5-12 实验室椅凳

(五)实验室专用器皿车

实验室专用器皿车提高了物品存取的安全性和方便性(图 5-13),也使实验操作更方便高效。

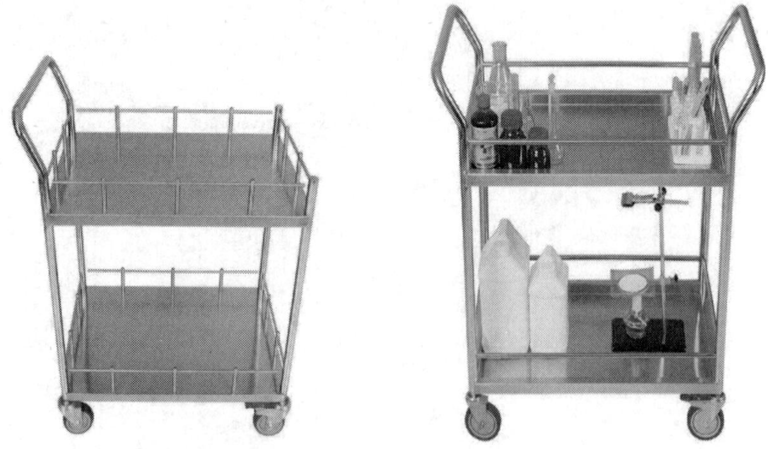

图 5-13 实验室专用器皿车

(六)安全站

实验室应根据需要设置安全站和应急装置,如洗眼器、沐浴器、灭火器、保护手套、防护衣服、吸附材料等(图 5-14)。安全站设置的最佳位置是实验室主入口,方便工作人员的使用和维护保养。有需要时,应考虑设置多个安全站以便工作人员使用。

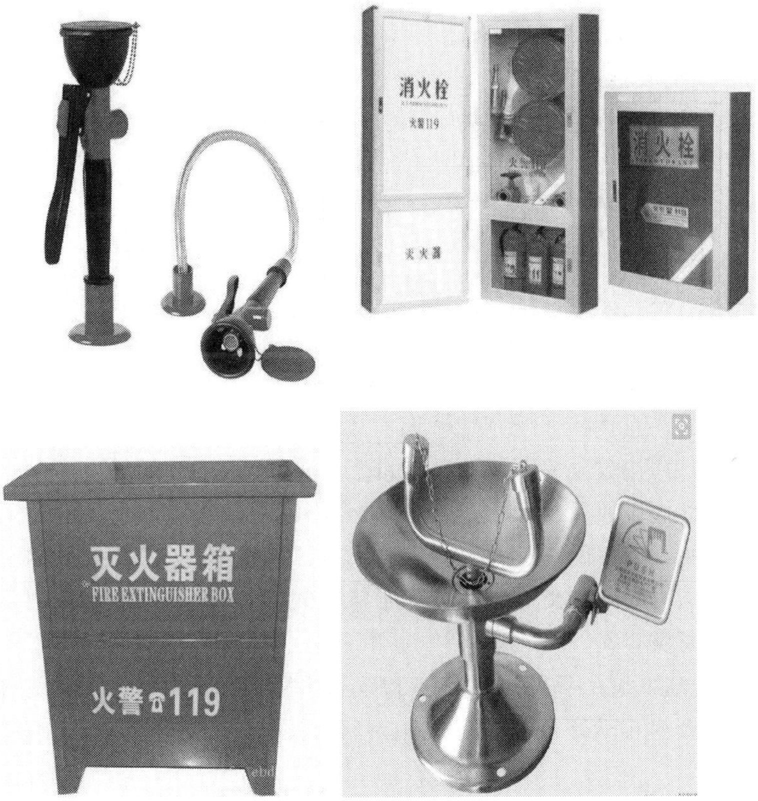

图 5-14　应急装置

(七)楼梯与电梯

楼梯设计应符合国家现行法律法规的规定,并合理设计楼梯宽度。

实验人员经常通行的楼梯,其踏步宽度不应小于 0.28 m,高度不应大于 0.17 m。

4 层及以上的实验室建筑宜设电梯。有条件的实验室可根据自身工作需要分设货梯和客梯。

(八)洁净柜

洁净柜又称超净工作台,广泛应用于生物、医药、卫生、电子、精密仪器、仪表等行业。可提供无菌、无尘的洁净操作环境。

(九)生物安全柜

生物安全柜广泛应用于大专院校、科研院所、药厂、卫生防疫等单位,是微生物实验操作的主要洁净设备,可以防止可能存在的有毒有害悬浮颗粒的扩散,保护实验过程中操作者和环境的安全,二级和三级生物安全柜,也可保护操作过程中样品免受污染。生物安全柜可具体应用于细胞毒素药剂的制备和处理、肿瘤化学疗法的制备和处理、微生物学实验、病毒学实验、血液学实验、细胞培殖实验、DNA 重组实验等。

生物安全柜分为三个等级:

一级:相当于带过滤器的排毒柜功能,保护操作者和环境;

二级：同时保护操作者、环境和样品，适用于生物安全1/2/3级样品；

三级：同时保护操作者、环境和样品，操作环境与外界环境完全隔离，带有手套箱，全密闭式操作，适用于高危险性样品的实验操作。

生物安全柜的设计原则是符合安全性和工效学要求，为产品、操作者和环境提供完全保护，以及保证操作者工作时最大限度地移动和舒适度。

生物安全柜主要是保护操作者和环境，也可保护样品，结构比洁净柜复杂，操作区气体负压，气体净化后排放。洁净柜只保护操作样品，不保护操作者及环境，操作区处气体正压，操作区外气体直接排放。

(十)排烟罩

排烟罩，也称为吸气罩。实验室内各种有害气体主要产生于实验桌面上，实验室桌面排风系统就是通过设置在桌面上的排烟罩，把实验过程中产生的有害气体吸入罩内，通过风道，以离心风机为动力，排放到室外高层大气中。

桌面排烟罩是桌面排风系统重要的组成部分，其性能的优劣对桌面排风系统的技术经济效果具有重要影响，如设计合理，用较小的排风量就能获得良好的效果，反之，用了较大的风量也达不到预期的目的。因此，研究和设计新型的性能优良的排烟罩对环保、节能、降低成本都具有很大的现实意义。

目前，实验室已基本淘汰只能水平旋转和垂直平移的旧式排烟罩，使用自由旋转的万向排烟罩(图5-15)。万向排烟罩现有3种使用形式，即吊于天花板上、安装于墙壁上和安装于桌面上。

(十一)通风柜

实验室工作人员要经常在充斥着有毒、腐蚀性、易燃易爆或者其他危害性物质的场所里工作，必须要有相关的安全措施来保证他们的人身安全。因此，能保证实验室工作环境安全性的通风柜非常重要。

实验室要具有一定的换气次数，以保证室内挥发性有害物质及时排出室外，换气次数与通风柜数量及每个通风柜换气量有关，通常实验室无人时换气次数为5～6次/h。

通风柜不是普通的实验柜，而是排毒设备，必须经过严格的检测并符合通风柜相关标准规定的性能才能投入使用。

通风柜可采用防火防爆的金属材料制作，内涂防腐材料，通风管道要耐酸碱腐蚀。风机可安装在顶层机房中，并应有减少振动和噪声的装置，排气管的高度应符合环保要求。

实验室通风柜的排风系统宜独立设置，一台排风机连接一台通风柜比较好，同一个房间若有两台以上的通风柜，应划为一个系统，避免一台通风柜使用时，其他通风柜产生倒流污染室内空气。每套系统在各房间应独立控制，不共用风道，也不得借用消防风道。一个房间内宜装一套排风设备，不同房间共用一个风机和通风管道易发生交叉污染。

通风柜在室内应放在空气流动较小的地方，不要靠近门窗(图5-16)。通风效果较好的狭缝式通风柜台面一般高度为850 mm、宽800 mm、柜内净高1 200～1 800 mm、条缝处风速5 m/s以上，挡板后风道宽度等于缝宽2倍以上。

常见智能通风柜配置包括：

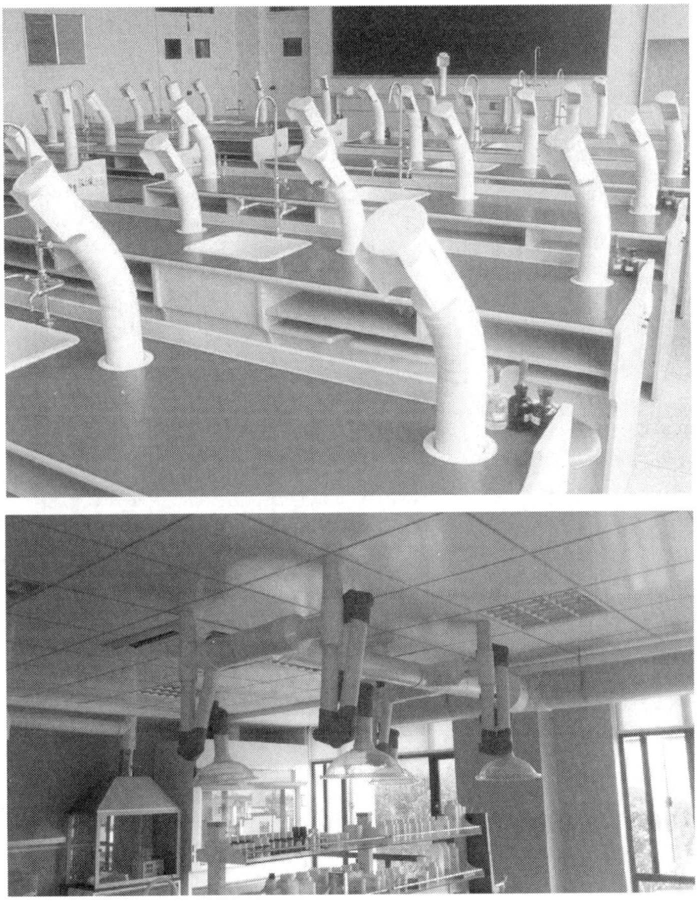

图 5-15　万向排烟罩

(1)智能控制面板。

(2)视窗安全高度限位器。

(3)不锈钢蒸馏架。

(4)模块式水电气供给系统(可随时更换不同供给配件)。

(十二)实验室配套设备

1. 滴水架

试管等实验器皿清洗后可置于滴水架上晾干后保存(图 5-17)。

2. 水槽及龙头等

(1)水槽。实验室用水槽除需符合实验室实验用品材料方面的特殊要求,如耐酸、碱、腐蚀之外,还应便于清洗、安装和更换(图 5-18)。实验用水槽有一体成型的,即在生产时与实验台面板一次压制成型,特点是无缝、便于清洗。还有一种是与实验台组装在一起的,有缝隙,废液容易渗入缝隙中。制作材料有 PP 塑料、陶瓷、水泥和环氧树脂等。

(2)龙头。龙头有单联(或称为单口)、双联、三联、四联几种,材料可为钢制、铜制等(图 5-19)。

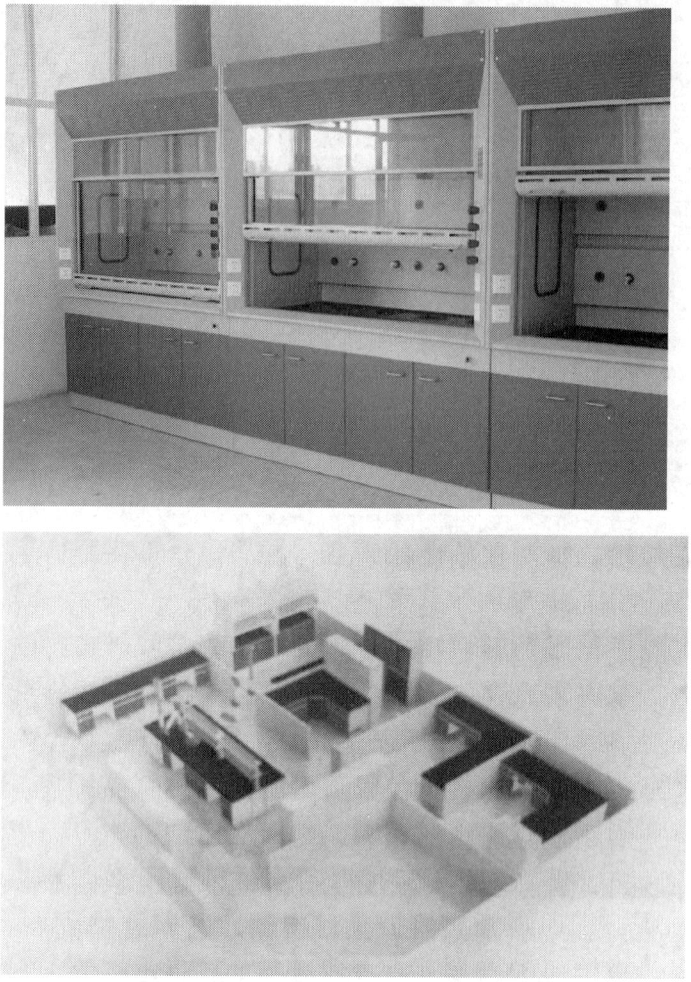

图 5-16 通风柜及其在室内的正确位置

图 5-17 滴水架

根据实验室的特殊需求，应配置气体龙头和水龙头。要求坚固耐用，便于连接气体管和水管。因此，龙头口处与传统龙头有所区别，如锥形龙头，且做防滑处理。

图 5-18　水槽

(3)紧急喷淋装置。当实验过程中发生意外,实验人员遭到化学品喷溅时,应使用实验室紧急喷淋装置(图 5-20)做初步紧急处理,保护实验室人员的安全。

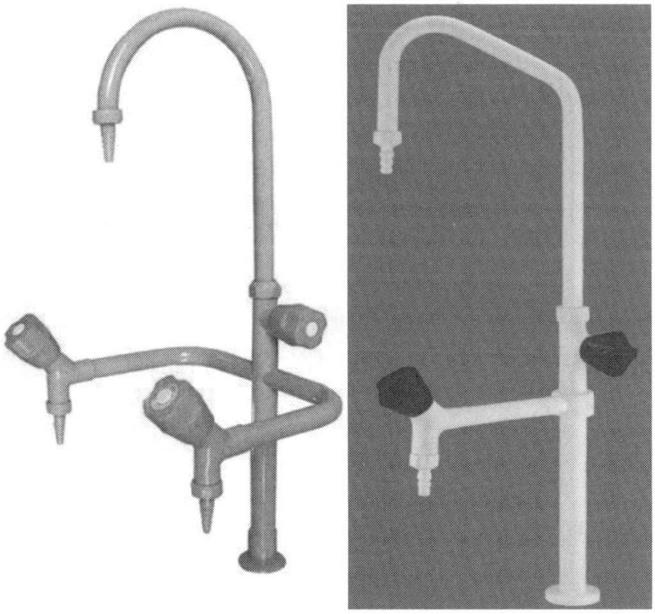

图 5-19　龙头

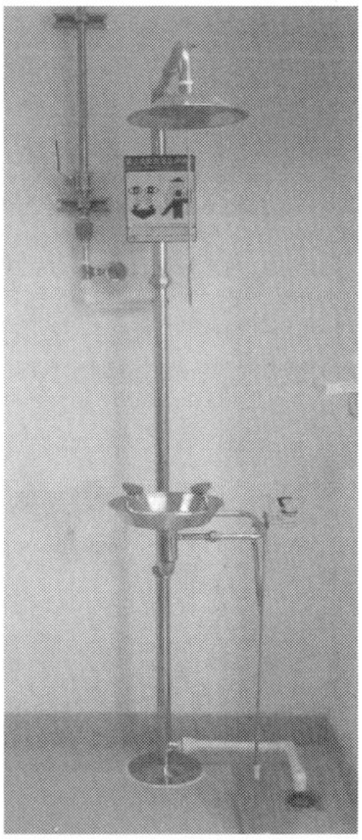

图 5-20　紧急喷淋装置

(4)五金件。实验室家具的五金件,如抽屉滑轨、拉手、门铰链等应确保实验室家具的可靠性、耐用性。

六、实验室标识

(一)标识的概念和功能

标识是以文字、数字、符号、图案及颜色等形式体现的,能够清楚鲜明地表明对象或过程的质量、数量、特性、要求和状态等的一种信息载体。

标识常用的方法有记录、卡、标签、标牌、图标、印章等。

标识具有识别、定位、导向、提示、警示、说明的功能,它的特点是及时、简明、直观、易于目视。

标识按性质可分为属性标识和状态标识。

属性标识规定了事物的固有特征,在整个过程中自始至终不变,具有唯一性及可追溯性的特点。

状态标识是指标识事物满足规定质量要求的能力，一般情况下具有时限性及可变性的特点，即标识对象对应不同的时段，可有不同的状态。

标识管理就是根据物品的属性，对物品的标识进行设计、编排、粘贴、调整的动态管理过程。标识管理的优点有：

(1)标识管理是以人为本的管理方法，可使工作人员在短时间内知道程序的要求。

(2)标识形象直观，容易认读和识别，可简化管理，使工作有序，减少差错，有利于降低管理成本，提高工作效率。

(3)标识可作为证据或依据，标识管理是源头管理，完整规范的标识是实现追溯的手段。

(4)标识管理透明度高，为目视管理、自主管理创造了条件，便于现场人员默契配合、互相监督，发挥激励作用。

(5)标识具有安全保障作用。

(二)实验室标识管理

实验室标识在实验室管理过程中主要有如下作用，实验室功能或区域管理、指引、警示或禁止提示、标识或说明等。实验室标识的设计和使用应符合 GB 2894—2008《安全标志及其使用导则》中的规定。

1. 实验室标识

(1)功能或区域标识。可将办公室和各类实验室检验检测区、服务功能区等功能区域分开，以方便管理。有化学危险品、毒品、有害生物、电离辐射、高温、高电压、撞击以及水、气、火、电等危及安全的作业区域，不仅应有防护隔离措施，还应该用有区域名称(如“剧毒危险”“易爆危险”“高压危险”)的标牌配合警示图形来表示该区域的危险性，提醒大家注意。

(2)实验室楼层标识，具有实验室区域管理及指引作用。

(3)房间标识。

(4)生物危害标识。在二级以上的生物防护实验室的入口明显位置处必须贴有生物危害标识，并加以标明。

(5)危险废物标识。用于向人们提供危险废物产生、转移、贮存和处置利用过程中可能造成危害的符号，具有提醒警示功能。产生、贮存危险废物的单位及盛装危险废物的容器和包装物要按照 GB 18597《危险废物贮存污染控制标准》附录 A 的规定设置危险废物标志。

(6)安全标识。分禁止标志、警告标志、指令标志和指示标志四大类型。实验室功能或区域管理、指引、禁止、警告、指令、提示标志或说明等，应符合 GB 2894《安全标志及其使用导则》中的规定。

(7)其他行政、安全管理标识。

2. 实验室活动中标识管理的对象

①文件、档案、记录、报告。

②检验检测样品。

③仪器设备、计量器具。

④药品试剂及标准物质。

⑤环境区域。

⑥人员。

⑦其他。

按照实验室管理对象的不同，可用属性标识和状态标识对管理对象加以区分。两种标识方法可以相互交叉、混合使用。但是，对于文件、档案、记录、报告（证书）、检验检测样品、计量器具、标准物质这些对象，首先要标识清楚物品的唯一性，然后对其存在的状态进行标识，最后根据标识对象的变化作相应的标识状态调整。如对某档案编唯一号，然后确定其“受控”“有效”“无效”等存在状态。对于样品，包含样品名称、样品编号、样品状态、采样日期、保存要求、二维码等信息。对于药品试剂、环境区域、人员、其他对象则需标明其性质、状态、部门等。对于柜门、抽屉等，标签上标注存放物品名称、注意事项、保管人等信息或图示。对于物品，标签上标注物品名称、编号、型号、发放日期、使用人等信息。

项目拓展实训

1. 参观不同类型的实验室，熟悉实验室布局，认识实验室各类家具。

2. 以学校的某个实训室为例，进行模拟设计和布局，分析各种设计方案的优缺点。

项目六
实验室人员管理和培训要求

学习目标

(1)掌握实验室人员管理的基本要求。

(2)了解实验室人员培训的内容和培训方式。

任务一 实验室人员管理

实验室应做好人员招聘录用、培训考核、任用、授权、能力确认和持证上岗以及人员监督和管理工作,不断提高员工的专业技术和管理水平,确保人员具备其负责的检验检测活动的能力,以及评估偏离影响程度的能力,使实验室检验检测能力不断提高,并能够更好地适应市场的需求。

一、实验室人员任职条件和岗位职责

实验室对检验检测质量有影响的所有管理、操作和验证人员都应有明确的任职条件和岗位职责,并被赋予相应的权力和资源配置,确保其履行职责(不论其是否被赋予其他职责):实施、保持和改进管理体系,识别与管理体系或检验检测程序的偏离,采取措施预防或最大限度减少这类偏离,向管理层报告管理体系运行状况和改进需求,确保检验检测活动的有效性,在检验检测过程中不欺诈、不夸大、不偏离,诚实守信,确保检验检测数据、结果的真实、准确、完整。

实验室管理层在工作人员上岗前应对其职责和权限进行传达、培训、沟通,以保证人员按照其职责和权限开展管理和技术活动。当人员岗位发生变化时,管理层应及时对其进行新职责和权限的传达、培训、沟通。要确保人员理解他们工作的重要性和相关性,明确实现管理体系质量目标的职责。

为了保证管理的连续性,确保各项工作持续正常进行,防止管理工作出现真空,实验室

应规定关键管理人员的临时代理职权。如某第三方检验检测公司对关键管理人员的临时代理职权规定如下：

总经理、质量负责人、技术负责人设有明确的代理人，以便其因各种原因不在岗位时，有人员能够代行其有关职责和权力，以确保实验室各项工作持续正常地进行，保证实验室管理的连续性，防止管理工作出现真空。具体规定如下：

(1)当总经理不在时，由技术负责人代行其职责。

(2)当质量负责人不在时，由技术负责人代行其职责。

(3)当技术负责人不在时，由质量负责人代行其职责。

(4)当上述情况临时出现时，本权力委派自动生效，反之，自动消失。

以实验室认可的化学检测领域为例，实验室人员的任职条件应同时满足 CNAS-CL01《检测和校准实验室能力认可准则》、CNAS-CL01-G001《CNAS-CL01〈检测和校准实验室能力认可准则〉应用要求》、CNAS-CL01-A002《检测和校准实验室能力认可准则在化学检测领域的应用说明》的要求。申请资质认定的实验室人员的任职条件需满足《检验检测机构资质认定评审准则》，如实验室为环境监测领域或其他特殊领域，人员任职条件还需要考虑环境监测领域特殊及其他特殊领域的相关要求。

二、实验室人员招聘和录用

实验室根据近期工作需要以及其发展规划等进行人员的招聘和录用，应根据工作特点、所开展的检验检测活动、实现质量方针和质量目标的需求以及实验室自身可持续发展的战略目标，确定实验室人力资源的总量、素质和结构等。所考虑的人员素质主要包括思想品德素质、专业素质和身体素质；人员结构包括学历结构、年龄结构、性别结构、职称结构和专业结构等。

人员的招聘和录用应符合任职条件，应保证人员数量、专业技术背景、工作经历、检验检测能力等与所开展的检验检测活动相匹配，且做到结构合理、能力适宜、工作责任心强，能够满足实验室日常检验检测工作和发展规划的需要。

实验室使用长期雇佣人员或签约人员，应与员工建立劳动关系、聘用关系、录用关系。以背景调查、政府相关信用信息服务平台信用查询、合同约定和签署承诺书或申明等方式确保不录用有相关不良信用记录、法律法规禁止其从事检验检测活动和同时在两个及以上实验室从业的人员，并保存相关信用查询和承诺书或申明等资料。

对与检验检测有关的管理人员、技术人员、关键支持人员，实验室应保留其当前工作的描述。所有人员的档案要真实、可信。

三、实验室人员监督

(一)监督员的任职条件

监督员应具有相关专业大专以上学历以及三年以上本专业领域工作经验，具有相应的技术/管理能力，熟悉检验检测方法、程序、目的和结果评价，掌握测量不确定度的评定方法，并能进行测量不确定度评定，有一定的培训能力，能够胜任监督工作的需要，并由实验室授权。监督员的设置应覆盖实验室全部的专业领域/检验检测能力范围。

（二）人员监督/能力监控的对象

实验室所有可能影响检验检测活动的人员，无论是内部还是外部人员，均应行为公正、能够胜任工作且受到充分地监督/能力监控，并且依据实验室管理体系要求履行职责。实验室应关注对人员能力的监督/能力监控模式，确定可以独立承担检验检测活动的人员，以及需要在指导和监督下工作的人员。

人员监督/能力监控是保证实习员工、在培人员的初始工作能力和已上岗人员的持续工作能力的有效方法。

当使用实习员工、在培人员、转岗人员、离岗六个月以上再返岗人员、新上岗的人员时，必须由对其进行指导和培训的、有丰富工作经验的、持有上岗证的正式人员和监督员对其日常的检验检测活动进行适当的指导带教和重点监督，以保证其初始工作能力满足要求。对已上岗的检测人员以及与检测工作和检测结果有直接或间接关系的其他岗位人员，定期或根据实际情况即时进行能力监控，以保证其持续工作能力满足要求。

（三）人员监督/能力监控的内容和监督的方式

人员/能力监控的主要内容应包括对人员能力（如设备操作能力、样品制备能力、方法选择能力、环境监控能力、检验检测操作能力等）的监督/能力监控，以及出具的检验检测报告的正确性、可靠性等。

人员监督/能力监控可以通过评审参加质量控制的结果（包括盲样测试、实验室内比对、能力验证和实验室间比对结果等）、现场观察、核查操作过程/能力监控记录和报告、笔试、口试面谈、实际操作考核等方式，并进一步考虑专业特点采取有效的方式。

（四）人员监督的重点

1. 新开展检验检测项目的监督

在新开展检验检测项目全过程中，监督员应对开展新项目的相关人员进行重点的监督，包括：(1)新进设备的初期使用阶段；(2)新方法验证确认以及模拟检验检测阶段（包括标准变更后）；(3)人员条件和技术能力等。

2. 检验检测工作全过程的监督

包括涉及与检验检测工作相关的各个环节，即从现场检验检测抽样或送样开始到出具检验检测报告的全过程。现场检测抽样采样或送样，样品接收；样品标识；样品制备、试剂或消耗性材料制备；样品的检验检测；原始记录；数据和结果报告；报告盖章和发放等。

3. 实验室固定设施以外的场所的监督

实验室固定设施以外的场所的监督是指：如在现场检验检测/抽样等，都必须在适当的技术控制和有效监督下进行。

4. 在实验室间比对、能力验证过程中进行适当的监督。

5. 对客户和利益相关方投诉领域，尤其是涉及到诚信方面的投诉，应加强监督。

6. 对安全防护等方面进行监督，包括环境设施、生物危险、消防、电气安全、化学品安全、辐射、危险废弃物处置等方面。

7. 对监督员的工作进行适当的监督。

任务二　实验室人员培训要求

一、人员培训计划的编制

(一)人员培训计划的提出

实验室各部门应根据本部门所设置的岗位类别、风险因素、部门和员工发展及岗位持续培训需求以及实验室业务发展的需求、行业管理要求、潜在市场和客户要求等，提出本部门年度人员培训需求和技能目标。

实验室在获得各部门的人员培训需求和技能目标后，汇总、编制年度员工培训(含对新进技术人员和现有技术人员新的技术活动培训以及继续教育)计划，确保实验室全体员工，尤其是从事检验检测活动的所有技术人员获得适当的培训。

(二)人员培训计划的内容和要求

编制人员的培训计划应考虑到与实验室当前和预期的任务相适应，包括所有权保护和保密教育、诚信和公正行为教育、反商业贿赂教育、实验室管理体系和规章制度培训；消防安全和健康知识、救护知识和应急预案、电气/化学/生物安全操作知识及防护措施、消毒灭菌知识、器皿清洗等培训；环境保护基础知识、法律法规和标准培训；检验检测方法(含抽样方法)、质量控制方法的培训；设备原理、操作技能、维护保养等方面的培训，以及职业道德、职业素养、管理知识、行业管理部门及客户要求等培训。

各部门在年度培训计划之外，还可以根据本部门的工作需要临时增加培训需求，如在设备更新投入使用前、执行新标准或新方法之前、开展新项目之前、由于员工技术缺陷形成质量隐患或造成检验检测事故后、法律或法规有明确规定和要求时、临时聘用检验检测人员后。如偏离年度培训计划较多，应报请质量负责人及时补充或者修订年度培训计划。

实验室对各类人员的教育、培训应贯彻从岗位需要出发、专业技术知识与工作能力并重、年度计划与长远规划相结合的方针。年度计划以岗位培训为主，通过培训和考核确保人员能够胜任所从事的岗位工作。长远规划应结合人员岗位晋升、成长计划、继任计划等，考虑业务知识和技能不断更新的需要，以适应国际先进科学与技术的发展并有利于高级管理人员和各专业学科带头人的培养为目标。

二、人员培训内容、方式和培训活动有效性评价

(一)人员培训内容

(1)新入职员工培训，包括实验室简介、相关法律法规培训、员工岗位职责培训；实验室规章制度及安全教育培训；管理体系文件宣贯；岗位操作技能培训等。

(2)在职及转岗员工岗位培训，包括所在岗位相关检验检测方法(含抽样方法)、作业指导书、设备性能、操作规范(含常规微生物检验、无菌操作等)、专项新技术新方法、器皿清洗、电气/化学和生物安全操作知识及防护措施、消毒灭菌知识、救护知识和应急预案、管理知识

等的培训。操作复杂分析设备(如色谱、光谱等设备)或相关设备(如现场检验检测设备、抽样设备、生物安全柜等)的人员应接受涉及设备原理、操作技能和维护保养等方面知识的专门培训,掌握相关的专业知识和技能。

(3)人员继续教育。对已经取得上岗证的人员,可分批选派参加较高层次的培训或进修(继续教育),以适应知识和技能的不断更新的需要,进一步提高人员的技术水平和工作能力。实验室可建立员工继续教育与绩效考核、岗位晋升、成长计划、继任计划等挂钩机制,根据实验室发展和员工岗位及发展需要等,把人员继续教育持续纳入各年度培训计划中,并针对个人量身定制实施方案(一人一培训计划),不断优化继续教育模式和内容。

(4)特殊工种和需特殊资质的岗位,须由参加国家授权部门相应的培训并取得合格证书的人员担任,此类岗位人员需按照行业相关要求参加外部培训。如实验室使用的高压蒸汽灭菌器不属于简单压力容器(定义参见 TSG R0003—2007《简单压力容器安全技术监察规程》)时,操作人员需持有特种作业人员证书,并参加专门的培训。

(5)实验室应有计划地开展以保密、诚信和公正行为为核心的宣传培训(包括但不限于所有权保护和保密教育、诚信和公正行为教育、反商业贿赂和弄虚作假行为教育、职业素养和职业道德教育等)和文化建设(包括但不限于质量意识、诚信理念、品牌效应、社会承诺等),树立诚信和公正的理念,参与内部和外部诚信文化传播活动,确保实验室全体员工,尤其是管理人员、操作人员、核查人员等接受所有权保护和保密以及诚信和公正行为等相关的培训,确保每位人员的能力和素质满足工作岗位的要求。

(6)实验室应有计划地对员工进行健康、消防和安全知识等方面的宣传教育培训和应急演练,应对新进、换岗和在易发生事故地方工作的员工进行重点培训。在岗人员也必须定期接受实验室组织的相关安全教育、法制教育和岗位技术培训等,强化安全意识,增强安全责任。

(二)培训的方式

确定各部门培训需求后,实验室可以采取内部集中培训、员工互培、员工自学、请进专家,以及送出外培等方式进行相关培训。

1. 内部集中培训

对于一般的实验室基础教育、基本岗位操作技能、管理体系文件和安全培训等,可以在实验室内部进行集中培训。培训师可采用 PPT 演示、授课宣贯、实际操作、交流讨论、座谈问答等方式进行。培训师可由实验室部门负责人或某领域有较多经验的人员担任,应提前准备相关内容的培训教材,以确保培训的效果。

2. 员工互培

员工互培主要采取相关岗位负责人员对其岗位操作的设备性能、操作规范、注意事项进行现场实际操作培训或交流讨论等。

3. 员工自学

员工可以利用实验室提供的指定电脑进行自学或利用业余时间自学。

4. 专家培训

对于专业性较强的内容,可联系相关领域的专家,以请进来的方式进行培训。

5. 外部培训

对一些特殊岗位、特殊资质和资格人员的培训以及内部不能进行的培训(如内审员、高压蒸汽灭菌器操作人员和管理员、剧毒品管理和使用人员、相关领域从业资格证书、资质认定或实验室认可机构和管理部门要求的相关培训等),实验室可派出相关人员参加外部培训。当需要外部机构或人员提供培训服务时,需选择具有相应能力和资质的机构和人员,应索取、审查并保存外部培训机构的资质证明与授权范围等资料。

(三)培训活动有效性的评价

内部培训结束时,实验室可对受训人员进行考核,根据考核情况评价培训活动的有效性(表 6-2),持续改进培训以实现培训目标。考核形式可采用笔试(开卷或闭卷)、问卷调查、实际操作、现场提问等形式。

受训人员在培训结束时可对培训师进行评价。评价方式可采用口头建议、评价表等形式。

参加外部培训获得相应培训合格证书、毕业或结业证书、从业资格证书、操作证书等可作为评价标准之一。但仅凭证书或考试结果来评价培训活动的有效性是不充分的,还应通过分析培训是否达到目的来确定。如可以通过能力验证结果、内部质量控制结果、内外部审核、不符合工作的识别、客户和利益相关方的投诉、人员监督评价和考核、管理评审等多种方式对培训活动的有效性加以评价和验证,并持续改进培训以实现培训目标。培训活动的有效性评价可以是定性的,也可以是定量的,可针对每次培训进行评价,也可以针对某时间段、某领域的培训进行评价。培训最终应达到预期目的,即持续保持和提高管理人员和技术人员的能力。

三、人员上岗考核和岗位能力的评价

(一)人员上岗考核

1. 人员上岗考核内容

人员上岗考核内容包括基础理论考试、现场操作技能考核、样品分析(优先选择盲样测试)等。考核组成员可根据被考核人员的工作性质和岗位要求确定具体考核内容。

(1)基础理论考试内容。主要包括基础理论知识、相关标准和检验检测规范、质量保证和质量控制知识、常用数据统计知识、抽样方法、样品预处理方法、分析方法、数据处理和评价模式等。

(2)基本现场操作技能考核内容。主要包括:布点、抽样、试剂配制、常用分析设备的规范化操作、设备校准和维护保养、质量保证和质量控制措施、数据记录和处理、校准曲线制作、样品分析以及数据审核程序等。

(3)样品分析。按照实验室内部发放的盲样考核样品、留样复测等内部质量控制方法,参加能力验证和使用实验室间比对等进行分析考核。

表 6-2 人员培训记录表

培训日期		培训地点	
培训单位/教师		职务/职称	
参加培训人员签字			
培训主题和培训内容简述			
培训效果评价依据	1.□闭卷笔试 □开卷笔试(本次考试合格标准为:□90 分以上 □80 分以上 □70 分以上 □60 分以上 □其他分数:) 2.□问卷调查 □口头提问 □实际操作 □人员监督 □记录抽查 □报告审查 □能力验证结果 □内部质量控制结果 □内外部审核 □其他评价依据:		
培训效果评价结论	评价人: 日期:		
其他说明	1. 本次培训附件:□培训大纲(培训教材) □空白试卷和答案 □试卷 □考试成绩统计表 □培训现场照片 □其他: 2.		

记录人: 日期: 审核人: 日期:

2. 人员上岗考核方式

(1)基础理论的考试方式为笔试,原则上笔试采取闭卷形式进行。

(2)基本现场操作技能和样品分析考核采取现场操作演示、口头提问与样品分析相结合的方式进行。考核项目的确定以具有代表性、尽量保证覆盖被考核人的实际能力为原则。对有标准样品的项目,原则上进行标准样品的分析考核。对没有标准样品的项目,可采取实际样品分析、现场加标、留样复测、现场操作演示、口头提问、人员比对和设备比对等考核方式。

3. 岗位证书要求

考核组成员根据检验检测结果、实际操作规范程度以及回答问题的正确程度评定考核结果。根据考核结果批准被考核人的上岗资格，为被考核人员颁发岗位证书（表 6-3）。人员持证上岗可能是法定的、特殊技术领域标准包含的要求，也可能是客户要求的。

实验室应对所有现场检测与抽样、检测分析、编制和审核检验检测报告、批准签发检验检测报告、操作设备、数据和结果分析（包括符合性声明或意见和解释）、质量管理以及与检验检测活动相关工作的所有人员（包括开发、修改、验证和确认方法人员），按要求根据相应的教育、培训、资格、经验、技能等进行技术能力评价或资格确认，确保人员持证上岗。对人员技术能力的评价，应通过教育经历、所获资格、培训经历、专业知识和实践经验等方面综合考虑。只有经技术能力评价或资格确认满足要求的人员才能授权其独立从事与检验检测活动相关的工作。

人员取得岗位证书后，有下列情况之一者即取消持证资格，收回或注销岗位证书：

(1)上岗期间违反操作规程，造成重大安全和质量事故者。

(2)编造数据、弄虚作假者。

(3)脱离原岗位 1 年以上者或者离开实验室的人员。

(二)岗位能力的评价和确认

检验检测人员承担工作前应经过必要的培训和能力确认（表 6-4，表 6-5）。能力确认方式包括基础理论、基本技能、样品分析的培训与考核等。能力确认要具体到检验检测项目和检验检测方法。

表 6-3　本次通过的技术能力一览表

岗　位　证　书

编号：

姓名：

员工编号：

最高学历：

经相关能力评价/资格确认，__________同志具备__________岗位相关技术能力和上岗资格，特发此证，上岗时间自______年______月______日起。

（本次通过的技术能力详见证书标准）

专业名称：

职称：

所在部门：

岗位名称：

发证单位(公章)：上海××检测技术有限公司

批准人签字/盖章：

年　　月　　日

续表 6-3

序号	检测产品/类别	检测项目/参数	检测标准名称及代号	限制范围或说明	使用的设备名称和编号

对从事化学领域方法开发、修改、验证和确认的人员的授权，至少应授权到相应的检验检测技术。对质量监督员的授权，应明确其监督的专业领域和检验检测能力范围。批准签发新开展检验检测项目的模拟检验检测报告的人员，需按照授权签字人任职条件经技术能力评价或资格确认后由最高管理者授权。批准签发各资质证书上批准的授权签字领域的(含分包项目)检验检测报告的人员(授权签字人)，需按照授权签字人任职条件经技术能力评价和资格确认后由最高管理者提名，经资质认定或实验室认可部门考核合格、批准。

人员能力确认和授权，可以通过发布文件、持证上岗等形式规定每个岗位的能力范围，包括授权操作的设备名称和编号、检验检测的项目和依据的方法，授权签字的领域(经过资质认定或实验室认可部门考核合格、批准)、提供意见和解释的具体项目等。授权和持证上岗是一个持续的过程，随着设备和检验检测项目及方法的变化而变化，如果需要扩大授权的领域和范围，应再次经过能力评价或资格确认、考核合格后方可授权。

除初次能力确认外，实验室还应定期评价人员的持续能力。根据持证上岗技术人员的上岗证书有效期限和实际情况等，实验室应定期或适时组织相关人员对持证上岗人员的持续能力进行评价和确认。评价方式包括内部质量控制、操作演示、能力验证和使用实验室间比对等。当与检验检测活动相关的所有技术人员、质量管理人员和授权签字人的岗位、职责变更或离开岗位 6 个月以上再上岗时，也应重新进行相关岗位的能力评价、资格确认和授权。

人员技术能力评价和资格确认记录、授权记录(表 6-4、表 6-5)等应按照要求予以保存。

表 6-4　技术人员能力评价/资格确认记录表

被评价人员姓名		身份证号码	
最高学历		专业名称	
参加工作时间		入职本实验室时间	
本领域工作年报		职称	
现所在部门		拟上岗岗位名称	
以往相关工作经历、工作职务/职责和工作经验等描述			
以往相关培训、考核情况描述			
与本次拟上岗相关的培训、考核、监督情况描述			
本次拟上岗的检测领域、检测方法和检测项目			

本次技术能力评价/资格确认情况及结果简述：

参加技术能力评价/资格确认人员签字：　　　　　　　　　　　日期：

技术负责人批示意见：

签字：　　　　　　　　　　　　　　　　　　　　　　　　　日期：

表 6-5　人员岗位持续能力评价/资格确认记录表

被评价人员姓名		身份证号码	
最高学历		专业名称	
参加工作时间		入职本实验室时间	
本领域工作年报		职称	
现所在部门		拟上岗岗位名称	
现岗位工作时间	年　月——　年　月		
评价期内相关工作经历、工作职务/职责和工作经验等描述			
评价期内相关培训、考核、监督情况描述			
评价期内工作表现或工作业绩描述			
本次持续能力评价/资格确认的检测领域、检测方法和检测项目			
本次持续能力评价/资格确认情况及结果简述： 参加持续能力评价/资格确认人员签字：　　日期：			
批示意见： 签字：　　日期：			

项目拓展实训

1. 按实验室要求整理人员技术档案，掌握实验室人员技术档案的管理要求。
2. 编制实验室年度人员培训计划。

项目七
实验室设备和设施管理

学习目标

(1)掌握实验室设备的采购和验收要求。

(2)掌握实验室设施和环境条件控制要求。

任务一　实验室设备管理

一、实验室设备管理的目的和适用范围

为顺利开展检验检测活动,实验室应配备正确地进行检验检测(包括抽样、样品处理、检验检测、数据处理与分析等)所要求的抽样、测量和检验检测设备(图 7-1)。用于抽样、测量和检验检测的设备及其软件应达到所要求的量程范围和准确度,并符合检验检测的相应规范要求。

1. 设备管理的目的

设备管理的目的是为了确保实验室所使用的设备能有效地得到控制和维护,使其符合检验检测的要求,保证检验检测结果准确可靠。

2. 设备管理的适用范围

广义上,实验室设备包括检验检测活动所必需并影响结果的设备、软件、测量标准、标准物质、参考数据、试剂、消耗品、辅助设备或相应组合装置。

本章节仅对检验检测活动所必需并影响结果的设备、软件、辅助设备或相应组合装置的管理进行要求。

二、实验室设备的采购、验收和档案的建立

1. 设备采购需求分析、调查论证

实验室应根据临时、特殊运营需要,做短期或临时的设备采购内容分析,并定期进行新

图 7-1 检验检测设备

旧设备功能、数量、周期、维护等分析，确定需求量，提交审核、批准。

2. 采购申请和审批

实验室提出设备采购申请时需同时编制设备采购技术文件，提出所需采购设备的使用条件和技术参数及性能要求，核查设备的技术参数、功能和操作指标是否满足设备的预定用途，以此作为选择设备供应商的标准。在确认用户需求说明时，可以通过征集已使用该设备客户意见、征集业内专家意见的方式，进一步确认设备功能、技术参数和相关指标信息的充分性、适用性，包括设备运行环境条件的确认。

设备采购申请(含相关技术文件)需经审核、批准后交采购人员执行。

3. 供应商的开发、选择和评价

实验室通过行业渠道或其他渠道进行供应商开发，应根据采购需求寻找和开发供应商，收集供应商的产品目录、资料及相应资质等，并对供应商进行评价，评价内容包括但不限于供应商建立的管理体系、提供可靠设备的能力和提供安装、服务和培训的能力等，评价可以是直接的或间接的。实验室应填写供应商评价表并保存评价记录。

采购一种设备一般应寻找三个以上的供应商，供应商可选择检验检测方法中推荐的供应商、获得管理体系认证的供应商、工作业绩和社会信誉较好的供应商、性价比高的供应商、供货能力和交付时间等有保障的供应商、实验室和同行过去长期合作的合格供应商、经评价结果良好的供应商等。还应考虑用户需求说明、功能指标和运行指标等。

实验室应建立供应商档案，将符合要求的供应商列入合格供应商名录。实验室相关人员应保存获批准的合格供应商名录。当合格供应商名录不能满足采购需求时，应开发新的供应商并按要求进行供应商评价。

在整个采购过程中，相关人员应注意监控供应商的表现。实验室应组织各相关人员对获批准的、列入合格供应商名录的供应商进行定期的考核评价，至少一年一次。评价的内容包括但不限于，质量及技术能力和质量保证能力、质量管理体系认证情况、工作业绩和相关经验、社会信誉、价格的合理性、供货能力和交付时间、合同承诺兑现情况、财务状况和售后服务情况、采购人员及设备使用人员等的反馈意见及其他。

当某一品牌的设备验收的不合格比例较高时，应考虑更换该设备的品牌或制造商。应单独保留主要设备的生产商记录，对于设备性能不能持续满足要求或不能提供良好售后服务的生产商，应考虑更换。

如发现合格供应商提供的资质和资料等过期时，应及时更新。当评价发现合格供应商所提供服务和供应品不符合实验室的要求，影响到实验室的检验检测质量，应及时通知该供应商，要求其在指定的时间内整改。如果该供应商在规定的时间内纠正了问题，可继续留在合格供应商名录中。如果该供应商在规定的时间内没有采取相应的整改措施或经过整改仍不符合实验室的要求，应将其从合格供应商名录中剔除。

4. 签订合同、采购

采购人员应在合格供应商中进行询价，根据采购申请内容、价格及产品质量等综合因素确定最终供应商。选择设备时应考虑满足检验检测方法以及资质认定、实验室认可等的相关要求。

采购前，采购人员应与供应商进行有效沟通，明确供应商需提供的产品和服务是什么，这些产品和服务的验收标准是什么，供应商应具备完成产品和提供服务的能力，包括特定产品和服务的人员需具备的资格等。

实验室与供应商签订采购合同前，应对双方责权进行明晰，采购申请人协助采购人员对设备供应前置期和所采购设备相关信息进行确认，财务人员协助对付款周期进行明晰。与供应商签订合同后，采购人员负责对所采购设备的跟踪、催促及收货。

完成采购与验收后，采购人员需对采购货款的支付进行跟踪，同时对供应商所提供的各项单据进行存档，并对供应商的各项表现进行记录，以备后续进行供应商考评。

5. 设备的验收

设备到货后，采购申请人、使用人员及采购人员等相关人员应对所购设备进行相应的符合性验收并做记录(表 7-1)，同时通知财务人员到场并签字确认。

设备到货核查主要包括文件核查和设备核查两方面。文件核查包括：

(1)基本文件资料是否齐全。包括但不限于，装箱单、包装清单、配件清单、产品合格证、主要配件合格证和说明书、接线图或总装图等)。

(2)制造方提供的相关技术资料是否齐全。包括但不限于，质量证明文件、关键性能测试报告、设备仪表配置的合格证明文件及其必要的计量检定或校准证书、使用说明书等。

(3)安装、维护所需技术资料是否齐全。包括但不限于，指导分析设备安装、使用、维护的相关图样，如搬运示意图、安装及基础图、电器原理及线路图、备件明细表等。

设备核查的内容包括到货设备和设备部件的型号、数量是否符合设计要求及购买要求，是否有损坏。进行实物验收时，首先去除外包装，检查设备的外观是否完好无损，设备的使用说明、生产企业、品牌、颜色、规格、型号、元配件和数量等是否与采购申请或合同条款约定的相一致。

表 7-1 设备验收记录表

档案编号：

设备名称		型号规格	
出厂编号		到货时期	
制造商名称			
供应商名称			

设备验收情况：
箱内物品与合同符合情况：□符合；□不符合，情况描述：
设备外观检查情况：□完好；□有缺陷，情况描述：
设备能否通电开启：□能；□不能，情况描述：
设备试运行结果：□正常；□异常，情况描述：
设备首次计量溯源日期及结果：
合同条款或其他相关内容验收情况：

随机附件及资料清单(含名称和数量等)：

验收日期		验收人签字	

验收结论：

技术负责人签字： 日期：
采购人员签字确认： 日期：

设备安装时也应进行核查，标准如下：设备按照设计和规定的要求运送，现场的设备与配置清单一致，实验室的环境符合设备的操作及使用要求，设备在实验室环境下正确安装，测试软硬件符合设定要求。安装核查适用于新设备、二手设备的首次安装，或已有的、之前没有验证过的设备。经过验证的设备如果搬迁到另一地点或由于其他原因重新安装时，通常也需进行核查。对已有的但之前没有验证过的设备进行安装核查时，不需要重新组装安装，只需要按安装核查的内容进行核查即可。安装核查应保留所有相关的过程及系统的文件和记录。

设备安装核查好后应进行设备验收检查，证明设备在实验室环境下能够按照操作说明书中所描述的功能正常运行，运行技术指标符合设计要求。通常设备安装之后随即验收，根据情况，安装和验收也可合并进行。

设备验收的主要内容是设备功能测试，还包括固定参数测试，数据存储、备份、存档的安全性核查。验收可以采用设备校准和期间核查的结果。

分析测试设备还需要用标准样品和样品进行测试，从而确定设备的技术性能和精度是否稳定、可靠且符合采购申请或合同条款要求。对于进口设备，还需增验进口许可证、免税批件和商检报告等。有量值溯源的应由检定/校准实验室进行检定或校准。

大型设备还需有安装调试和验收记录。设备验收记录表最终交由设备管理员存入设备档案。验收过程中凡是发现设备存在与采购申请或合同条款约定不相符或破损短缺的情况，应及时查明原因，办理有关手续，进行退、换、补或索赔。对验收合格的设备，按照要求进行编号、入账和建卡、建档等后续相关工作。

设备采购、安装、验收和运行等过程的验证和管理具体可参考 CNAS-GL040《仪器验证实施指南》。

6. 设备档案的建立和管理

设备标识系统包括设备唯一性标识和设备状态标识。设备唯一性标识是为了防止不同设备混淆。设备状态标识不唯一，目的是防止误用。

设备采购验收完成后，设备管理员负责对设备及其软件进行唯一性标识，必要时建立设备管理卡片。设备管理员负责建立和维护设备台账，负责建立设备及其软件的档案，统一进行保存和管理，并实施动态、持续管理，及时补充相关信息。

图 7-2　设备台账档案

设备档案（图 7-2）包括设备的采购、验收、使用、检定/校准、维护维修、降级、报废和处置等环节形成的文件材料，能够准确地、完整地反映设备从采购到报废整个过程的状态信息。设备档案内容包括但不限于如下内容：

（1）设备档案的清单，设备的识别（名称），包括软件和固件版本。

（2）制造商名称、型式或型号标识、系列号或其他唯一性标识。

（3）对设备是否符合规范/规定要求的验证（确认）证据。

（4）设备当前放置的位置。

（5）制造商的说明书、合格证、设备操作手册，或指明其存放地点。

（6）所有检定/校准报告和证书的日期、结果及复印件，设备调整、验收依据和下次检定/校准的预定日期。

（7）与设备性能相关的维护计划，以及已进行的维护保养记录。

（8）设备的任何损坏、故障、改装或维修的详细信息。

（9）设备的采购、验收记录等相关资料，以及其他有关的记录。

设备的操作软件安装到相应使用的计算机后，统一交设备管理员管理，可存放于相应设备档案中。

三、实验室设备的检定/校准和期间核查

(一)设备的检定/校准

实验室应对检验检测结果、采样结果的准确性或有效性有显著影响或计量溯源性有要求的设备，包括具有测量功能的检验检测设备以及用于测量环境条件等的辅助测量设备，在投入使用前进行检定或校准。

列入国家强制检定目录，且国家有检定规程的设备应由有资质的机构检定。未列入国家强制检定目录或尚没有国家检定规程的设备可由有资质的机构进行校准。对于那些对检验检测结果和抽样结果的准确性或有效性有显著影响的设备，包括具有测量功能的检验检测设备以及用于测量环境条件等的辅助设备，应根据国家对设备强制检定范围、检验检测方法规定等，合理地确定需要实施检定/校准的名录(色谱类设备的校准应包含使用的所有检测器)。对不需要外部检定/校准的设备，应核查其状态是否满足使用要求；对需要检定/校准的设备，应在检定/校准前依据客户要求、法律法规、产品技术规范、合同、技术标准、检验检测规程等要求确定计量要求，明确需要校准的关键量或值，以便送去检定或校准时提出明确的、有针对性的要求。计量要求的参数可包括但不限于最大允许误差或扩展不确定度、测量范围、量程、分辨力、稳定性、环境条件。

实验室应使用能够证明资格，具备测量能力和溯源性的、满足 CNAS-CL01-G002《测量结果的溯源性要求》、符合 CNAS 要求并被承认的提供检定或校准服务的计量溯源性的机构作为检定或校准服务单位，以保证计量的溯源性。应索取并保存该检定/校准服务单位的资质证明与授权范围等资料。

各检验检测设备的检定/校准周期一般参考以下因素确定：检定规程的要求、制造厂方提供的建议、设备的使用的频率、测量设备自身稳定性、检验检测方法的要求、国家计量部门的规定周期及国家有关推荐的规定。对需要校准设备的确定、设备初始校准周期的确定、后续校准周期调整的判据、调整方法的选择等，可参考 RB/T 034《测量设备校准周期的确定和调整方法指南》。

设备管理员根据设备的检定/校准周期以及设备的稳定性和使用情况等编制年度设备检定/校准计划。设备检定/校准计划包括，确定需要检定/校准的具体设备(包括重要的设备配件)，确认设备需要检定/校准的参数、范围、不确定度和校准周期等，确定外部检定/校准的单位，确定外送检定/校准的时间等。

设备检定/校准计划应根据实验室设备添置和使用情况等进行动态更新补充和必要的调整，以保持对检定/校准状态的信心。对检定/校准计划的调整应按照需要根据设备的特点、使用状况、质量控制情况、工作类型、工作量等进行，包括检定/校准周期的调整、外送检定/校准机构的调整、检定/校准参数的调整等。

设备管理员负责按照年度设备检定/校准计划合理、及时地组织实施设备的检定/校准工作。设备管理员在设备送去检定/校准前需通知实验室各相关部门合理安排好相关工作，

以免影响日常业务的受理和检验检测工作。送去检定/校准时需要注意设备的搬运安全，避免设备损坏。

在设备完成检定/校准返回后，设备管理员和设备使用人员负责对设备进行检查/验证，对检定/校准证书进行计量溯源确认，确认满足要求后方可使用。确认内容包括但不限于：

(1)检定/校准机构资格。法定的计量检定机构出具的证书上应有授权证号；政府授权或认可的校准机构出具的证书上应有授权证书号或出具的校准证书上应有认可标识。

(2)检定/校准机构的测量能力。应在授权范围内出具检定证书；应在政府授权或认可的范围内出具校准报告或证书，且校准证书应有包括测量不确定度/符合确定的计量规范声明的测量；测量结果能溯源到国家或国际基准。

(3)满足实验室要求。检定/校准参数应与实验室计划检定/校准参数一致；应满足检验检测方法、技术规范中规定的要求。若检验检测方法未定，可参照设备说明书中的技术参数要求。

(4)检定结论或校准结果的确认。应确认检定结论或校准结果描述是否适当；实施检定的设备应出具检定证书，实施校准的设备应出具校准证书。需要进行强制检定的设备不应出具校准证书。出具的校准证书应有包含测量不确定度/符合确定的校准规范声明，检定证书通常包含溯源性信息；如果未包含测量结果的不确定度信息，实验室应索取或评估测量结果的不确定度。

在按照上述内容完成对检定/校准证书进行计量溯源确认后，设备管理员和设备使用人员还应将检定/校准得到的设备的计量溯源结果与相应的计量要求进行比较，完成计量溯源结果的符合性确认，以确定设备能否符合预期使用要求。可采用的相应计量溯源结果确认方法有：

(1)如检验检测方法对设备的准确度等级有明确规定的，实验室按照规定配置设备，应验证校准结果是否符合设备准确度等级所规定的技术要求。

(2)如检验检测方法对设备的准确度没有明确规定的，实验室应根据行业要求、设备校准规范或检定规程应能达到的要求作为计量要求。

(3)如实验室配置的设备准确度等级优于检验检测方法的规定或预期的计量要求，评价时既可以用设备的校准规范或检定规程作为依据，也可用实验室预期使用的计量要求作为依据。

(4)经检定或校准后，设备某些指标或某些测量范围不符合检定规程或校准规范，但不在实验室的适用范围之内，而实验室所使用的技术要求和量程都符合要求，仍可评价判断其为符合计量要求。

(5)校准证书中可能有很多项目的测量数据，实验室可根据实际需要挑选其关键或技术要求最严格的量或值进行评价。

(6)有些设备计量溯源结果可能不符合实验室预期使用的计量要求，但可应用修正值或修正因子，此时，只要其修正后的计量溯源结果符合实验室预期使用的计量要求，仍然可以判定为符合计量要求。

(7)设备检定结果没有不确定度的，实验室应索取不确定度，按照不确定的信息进行计量结果的确认。

计量溯源结果确认过程应填写在《设备检定/校准结果确认记录表》(表 7-2)上,注明日期并由技术负责人审查批准,以证明结果的有效性。《设备检定/校准结果确认记录表》应证明每台设备满足规定的计量要求。记录应包括但不限于下表所示情况:

表 7-2 设备检定/校准结果确认记录表

设备名称		规格型号	
设备制造商		设备编号	
检定/校准单位			
检定/校准 证书信息	证书编号: 证书类别:□检定证书 □校准报告 □测试报告 □其他: 是否有认可标识:□是 □否 检定/校准日期: 有效日期: 检定/校准依据: 检定/校准器具是否有证且在有效期:□是 □否 □其他(说明):		
检定/校准结果	是否符合要求:□符合 □不符合,不符合情况: 是否产生校正因子:□是,校正因子为: □否 被检/校设备的测量不确定度/准确度等级:		
确认结论: 是否符合技术要求:□符合 □不符合,不符合情况: 状态标识:□合格 准用(限制范围:________________) □停用 确认人/设备使用人: 日期:			
设备管理员意见: 设备状态标识:□合格 准用(限制范围:____________________) □停用 其他意见: 建议下次检定/校准时间: 签字: 日期:			
技术负责人意见: □同意使用。 □限制使用,允许使用的范围(或限制使用的范围): □设备停用,须进行维修。 □其他: □校正因子使用要求: 下次检定/校准时间: 其他意见: 签字: 日期:			
备注:	设备使用人和设备管理员根据实验室检测能力范围内的检测方法确认设备的合格、准用和停用状态。		

a. 设备的识别，包括软件和固件版本。

b. 制造商名称、型号、序列号或其他唯一性标识。

c. 设备的计量要求。

d. 检定/校准证书和报告以及其他相关文件的唯一性标识（如编号）。

e. 检定/校准结果的溯源性证据。

f. 设备校准引入的测量不确定度。

g. 相关的环境条件和必要的修正说明。

h. 使用限制。

i. 维护的详细情况，如调整、维修和修改。

j. 对信息正确性负责的人员标识。

k. 执行计量确认的人员标识。

l. 调整、维修和修改后的检定/校准结果。

m. 必要时，调整、维修和修改的校准结果。

n. 计量溯源确认结果。

o. 完成计量溯源确认日期。

设备检定/校准证书和《设备检定/校准结果确认记录表》等资料存入设备档案。

如果校准和标准物质数据中包含参考值或修正因子，需在《设备检定/校准结果确认记录表》中明示，由设备管理员及时发放给相关设备的使用人员，并由技术负责人指导和负责日常检查设备使用人员正确采用该参考值或修正因子，以确保其所有备份（如计算机软件中的备份）得到正确更新，并使该参考值或修正因子在使用过程中得到正确的应用，以满足规定要求。

设备管理员负责对检定/校准后的设备加贴标识，表明其检定/校准状态，包括检定/校准单位（人）、上次检定/校准日期、再检定/校准或失效日期等信息，并在降级使用的设备旁设置明确的标志或加贴降级使用标识。但在以下情况下（但不限于），可使用其他适宜的方式处理，使用标签将会影响设备的准确性、设备的使用环境或介质不允许加贴标签或标记、设备太小无法使用标签或进行标记。如检定/校准状态标签可以加贴在设备的包装上。设备使用人员应注意维护好设备的标识，设备管理员负责定期检查和维护设备的标识。

计量检定/校准状态标识如图 7-3 所示：

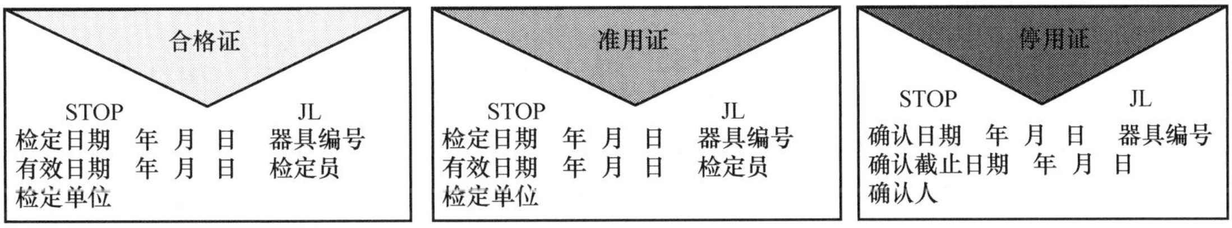

图 7-3　合格证、准用证、停用证

（1）合格证（绿色）：计量检定/校准合格。

（2）准用证（黄色）：对无检定/校准系统、检定规程的计量器具经定期检验合格；降级使用的多功能或高精度计量器具经检定/校准在某一特定的测量范围或测量点合格。

(3)停用证(红色):计量器具超过检定/校准周期或检定/校准不符合。此种情况下,实验室应对不符合原因进行分析,并制订相应的措施,对不符合造成的影响后果进行评价,追溯查证在此之前发出的检验检测报告的数据是否有问题,对有问题的报告应由市场部及时通知客户,追回并改正。

设备调整或维修前,对于计量溯源结果确认不合格的设备,实验室应对其不合格原因进行分析,并制订相应的措施。这些措施包括:

(1)对不合格造成的影响后果进行评价,并对以往的测量结果或受影响的产品作追溯处理。

(2)同类设备存在批量差异时,应对计量溯源结果的确认间隔进行评审。

(3)对校准结果不符合高精度检验检测要求或关键量值不满足检验检测要求的设备,可降级使用(精度要求较低的)或限制范围使用。

对于无法溯源到国家或国际测量标准的设备,可以通过以下方法进行校准,通过对基准参数进行校准;通过三台以上设备进行比对;通过能力验证实验等。校准时应保留检验检测结果相关性或准确性的证据。

对不需要检定/校准且功能正常的计算机、打印机及其他辅助设备,定期(一般为每年一次)对其进行功能性核查,确认其完好、正常/合格后可用“设备完好”标识或绿色合格标识表明其状态(图 7-4)。

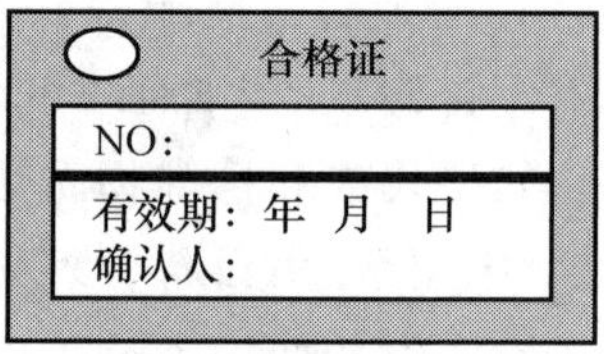

图 7-4 绿色合格标识(不需检定/校准)

对设备计量溯源结果确认的策划、实施和记录等可参考 RB/T 039《检测实验室仪器设备计量溯源结果确认指南》。

(二)设备的期间核查

1. 期间核查的目的

期间核查是指设备在使用过程中或在相邻两次检定/校准之间,按照规定程序验证其功能或计量特性,目的是确保设备性能持续满足方法要求或规定要求,维持设备的可信度。

2. 期间核查计划的编制和实施

设备管理员编制年度设备期间核查计划,技术负责人负责审核和批准期间核查计划。设备和标准物质期间核查计划应根据实验室设备添置和使用情况等进行动态更新补充和必要的调整并由技术负责人负责审核和批准,以保持对检定/校准状态的信心。

技术负责人组织检验检测人员按计划实施期间核查,并做好相关记录。

3. 需要实施期间核查的设备和期间核查周期

实验室应根据设备的稳定性和使用情况等来确定是否需要进行期间核查和期间核查的方法与周期。正常情况下,核查时间一般选择在两次检定/校准之间,并结合设备使用频率而定。并不是所有设备均需要进行期间核查,判断设备是否需要期间核查应考虑以下因素(包括但不限于):

(1)设备检定或校准周期。

(2)历次检定或校准结果。

(3)质量控制结果。

(4)设备使用频率和性能稳定性。

(5)设备维护情况。

(6)设备操作人员及环境的变化。

(7)设备使用范围的变化等。

下述情况下的设备需要重点实施期间核查：

(1)使用环境条件恶劣的或使用环境发生剧烈变化的。

(2)使用频率高的。

(3)检定/校准结果表明设备计量性能处于合格边缘或不太满意的。

(4)历次检定/校准中,设备计量指标下降较快或起伏较大的。

(5)脱离实验室直接控制,诸如借出后返还的、非本实验室人员使用的。

(6)首次投入运行的或使用寿命临近到期的。

(7)不够稳定、易漂移的。

(8)易老化、使用频繁的。

(9)经常携带到现场检验检测和抽样的。

(10)检验检测方法有规定或者设备本身有要求的。

(11)其他对检验检测结果、抽样结果的准确性或有效性有显著影响的(包括具有测量功能的检验检测设备以及用于测量环境条件等的辅助测量设备,必要时应对有机检测结果有影响的前处理设备包括吹扫捕集仪、热脱附仪、固相萃取仪等进行期间核查)。

4. 设备期间核查的方法

(1)采用有证标准物质核查标准溶液的准确度,采用已核查的标准溶液对新配制标准溶液进行核查。标准物质包括各种标准样品、标准设备。使用标准物质验证(包括加标回收)时,应注意所用标准物质的量值能够溯源并且有效。标准溶液的期间核查必须在标准溶液使用的有效期内进行。

(2)使用设备自带校准设备进行核查。有些设备自带校准设备,有的还带有自动校准系统,用于核查。

(3)设备之间比对。多台相同的或类似的设备,可以在相同设备间比对;也可以将设备与更高精密的设备比对。

(4)采用稳定性好、灵敏度高的样品在不同时期进行多次重复测量,并采用统计技术对每次测量结果进行评估。或者使用不同的检验检测方法核查。若通过核查标准来实现时,核查标准的量限、准确度等级应接近被测对象,但稳定性更高。

5. 期间核查的主要内容

期间核查主要针对设备的溯源结果,对其满足准确性和技术性能指标实施验证性检查,其技术要求包括：

(1)设备的运转正常状态的确认。

(2)设备在检验检测范围技术指标的符合性及标准物质控制值的吻合性检查。

(3)利用现行有效的有证参考标准对设备进行其灵敏度、重现性和线性范围符合性的检查。

(4)利用质量控制图或管理样品(有证参考标准)进行质控测量和准确度评定。

6. 期间核查结果评价和利用

设备的期间核查结果表明其技术指标和设备的灵敏度、重现性和线性范围能够控制在检定/校准范围,证明该设备能够有效运行,可以继续使用。期间核查结果表明该设备有线性漂移或灵敏度降低现象,其影响在检验检测结果数据质量控制限范围(2 倍标准差范围),可由设备管理员对其受到保护的控制硬件或软件进行调整或数据校正,并达到技术要求。期间核查结果表明其线性漂移或灵敏度降低,使检验检测结果超过警戒限(3 倍标准差范围),经过校正能够恢复到检定/校准状态,技术负责人应对其影响的变化趋势进行分析,追溯过去检验检测结果受到影响的所有检验检测报告,必要时通知客户收回发出的检验检测报告。期间核查结果表明该设备已经严重偏离检定/校准状态,应立即停止使用,并由设备管理员加贴“停用”标识,及时进行维修。同时追溯过去检验检测结果数据,必要时通知客户收回发出的检验检测报告。

对设备期间核查具体可参照 CNAS-GL 042《测量设备期间核查的方法指南》、CNAS-GL 046《化学检测仪器核查指南》、RB/T 143《实验室化学检测仪器设备期间核查指南》等文件。

四、实验室设备的启用和使用管理

设备在投入使用或重新投入使用前,应采用检定或校准、核查、比对、检验检测等方式验证其能够满足检验检测的要求和相应的标准规范,并标识其状态。辅助设备应确保符合检验检测标准的指标要求后方可投入使用。如果辅助设备的参数指标会对检验检测结果造成显著影响,该辅助设备也应采用检定或校准、核查、比对、检验检测等方式验证其能够满足检验检测的要求和相应的标准规范。设备检定或校准后需经技术负责人批准后方可使用。

技术负责人组织相关人员编制设备操作维护及期间核查规程。

操作重要的、关键的设备以及技术复杂的大型设备的检验检测人员,必须经过适当的理论和操作培训及考核合格或能力确认后,由最高管理者进行授权,未经授权的人员不得操作设备。

大型设备需定点摆放,不得随意移动。设备使用和维护的最新版说明书(包括设备制造商提供的有关手册)应便于检验检测人员取用。

设备操作人员应了解设备操作原理、正确的操作方法,严格按照设备操作规程正确操作设备,并能按照计划维护设备。在使用设备前,必须先认真核对检查设备的检定/校准状态,并检查其运行是否正常。设备在使用中和使用后也要做好必要的检查,并填写设备使用记录见表 7-3。设备使用记录应表明应用此设备进行检验检测的样品、项目、时间等详细的信息,以便追溯时有明确的方向,可及时追溯到之前的检验检测结果。

当设备操作人员发现或怀疑设备有问题时,必须立即停止使用该设备,分别通知技术负责人和设备管理员。经确认该设备有问题或不适合继续使用后,由设备管理员负责加贴明

表 7-3　设备使用记录表

设备名称：________　设备编号：________　所在区域：________　____年____月____日

日期	使用时段	使用前状态	使用后状态	任务单号	样品编号	检测项目	使用者	备注
		○正常　○异常	○正常　○异常					
		○正常　○异常	○正常　○异常					
		○正常　○异常	○正常　○异常					
		○正常　○异常	○正常　○异常					
		○正常　○异常	○正常　○异常					
		○正常　○异常	○正常　○异常					
		○正常　○异常	○正常　○异常					
		○正常　○异常	○正常　○异常					
		○正常　○异常	○正常　○异常					
		○正常　○异常	○正常　○异常					
		○正常　○异常	○正常　○异常					

显停用标签、标志，清晰表明该设备状态（最好隔离，防止误用），并做好记录，直到该设备修复并通过检定/校准表明能正常工作为止。技术负责人负责检查设备缺陷或偏离对以前检验结果的影响。

设备的使用环境应符合设备使用说明书和检验检测标准的要求。如果温度直接影响分析结果或对设备的正确性能来说是至关重要的，设备放置的房间应有环境条件控制手段，实验室需监控这类设备（如培养箱）的运行温度，并保存记录见表 7-4。

表 7-4　设备领用归还记录表

设备名称：________　设备编号：________　所在区域：________　____年____月____日

序号	设备名称和编号	领用归还情况				备注
		设备情况（领用）	设备管理员签字	设备情况（归还）	设备管理员签字	
1		○正常　○异常		○正常　○异常		
2		○正常　○异常		○正常　○异常		
3		○正常　○异常		○正常　○异常		
4		○正常　○异常		○正常　○异常		
5		○正常　○异常		○正常　○异常		
6		○正常　○异常		○正常　○异常		
7		○正常　○异常		○正常　○异常		
8		○正常　○异常		○正常　○异常		
9		○正常　○异常		○正常　○异常		
注：设备故障等情况请在备注栏中写明						

领用人：　　领用日期：　　归还人：　　归还日期：

领用和归还现场检验检测设备时，现场检验检测设备领用人需确认领用时和归还时的设备状态，并做好记录。

现场抽样/采样人员负责在非固定场所实施检验检测前后按相关检验检测标准或技术规范的要求，对现场检验检测设备的检定/校准状态和关键性能指标进行适当的核查和记录，以确认设备在使用期间状态良好、功能满足检验检测工作的要求。如果在现场不具备核查条件，要保证在检验检测前后在实验室进行核查。对移动比较敏感的设备，应在检验检测前进行核查。如果发现或怀疑设备有问题，应立即停止使用，分别通知技术负责人和设备管理员。经确认该设备有问题或不适合继续使用后，由设备管理员加贴明显停用标签、标志，清晰表明该设备已经停用，并做好记录，直到该设备修复并通过检定/校准表明能正常工作为止。技术负责人负责检查设备缺陷或偏离对以前检验检测结果的影响。

五、实验室设备的维护和故障处理

设备管理员负责编制年度设备维护保养计划（含设备计算机及软件），负责安排设备使用人员按照设备维护保养计划和操作规程，对设备（含设备计算机及软件）进行周期性的维护、保养。使用频次较少的大型设备及长期不用的电子设备，每月应至少开机检查一次，并做好维护保养记录。

技术负责人、质量监督员监督设备使用人员做好设备的日常清洁和维护保养等工作。

曾经过载或处置不当、给出可疑结果，或已经显示出缺陷、超出规定限度的设备，均停止使用。设备管理员对这些设备加贴明显的停用标签、标志，清晰表明该设备已经停用（最好隔离防止误用），并做好记录。在该设备修复后，按照首次使用设备处理，优先选择检定/校准的外部证据，在不能利用外部证据的情况下，采用内部核查的方式证明设备符合要求、能正常工作后才能投入使用。技术负责人检查设备缺陷或偏离规定极限对先前的检验检测结果的影响。

设备出现异常或者故障时，对于简单的故障尽可能自行修复；如果经技术负责人确认需要供应商进行维修/修复时，及时通知供应商，设备使用人员配合说明故障现象或原因，并配合设备的维修/修复工作。

设备维修/修复前必须先关掉电源，在设置告知牌后，方可进行。对微生物实验室设备的维修/维护要考虑生物安全，避免生物危害和交叉污染。

设备维修/修复后，需记录调整的参数，并保存维修记录/报告。所修部件涉及测量溯源性的设备，需要重新进行检定/校准或核查，经确认表明该设备能正常工作、符合要求，报技术负责人批准后方可重新启用。

六、实验室设备的降级使用、封存和报废

由于性能缺陷等原因，设备需要降级使用，由设备使用人员提出降级申请，经设备管理员审核、技术负责人批准后降级使用。

由于各种原因导致设备长期闲置不用时，由设备管理员提出停用封存申请，经技术负责人审核、最高管理者批准后停用封存（需对设备加贴明显的停用封存标识，必要时采取隔离措施），并在设备相关记录上注明停用封存日期。

设备由于损坏或检验检测方法废止/淘汰等原因需要报废时，由设备管理员提出报废申请，经技术负责人审核和最高管理者批准。属于实验室固定资产投入的设备，需要将设备报废申请交财务部门。

任务二　实验室设施和环境条件管理

一、实验室设施和环境条件要求

1. 实验室设施和环境条件概念

实验室的设施条件，主要指场地、建筑结构、室内布置、能源、照明、采暖、通风等。

实验室环境条件包括内部环境条件和外部环境条件。内部环境条件主要包括温度、湿度、洁净度、电磁干扰、冲击振动等；外部环境条件主要是周围环境因素，包括微生物菌种、灰尘、电源电压、电网频率、谐波分量、温度、湿度、噪声、振动、海拔、大气压强、雷电、有害气体等。

2. 实验室设施和环境条件的配备

技术负责人组织实验室设施与环境条件的策划、设计。实验室有设施配备(包括配备相应的安全防护设施和用品等)、环境改造需求时，由相关人员提出申请，经技术负责人审核，最高管理者批准后，按照实验室服务和供应品采购要求实施。

3. 实验室设施和环境条件要求

实验室设施和环境条件应该与实验室所进行的工作类型相适应，不同的类型有不同的要求。一般来说，环境条件应能满足五方面的要求，法律法规和安全要求、技术规范/规程和标准的要求、特殊或精密设备的要求、样品的要求以及操作人员本身的要求。满足这些要求的目的主要是不使结果无效，不对所要求的检验检测质量产生不良影响。

实验室的设施应为自有设施，并拥有设施的全部使用权和支配权，应保证其合法性和安全性(人员安全和公共安全)；应有充足的场所和设施实施检验检测活动，包括样品储存空间；对相互干扰的设备必须进行有效的隔离。自有设施是指购买或长期租赁的(租期 2 年以上)、并拥有完全使用权和支配权的设施。实验室工作场所包括固定场所和临时场所(至客户处现场采样及现场检验检测的工作场所)，上述场所应满足相关法律法规、标准或技术规范的要求，不会影响检验检测结果的准确性。用于检验检测的设施，应满足检验检测(包括现场检验检测与抽样、样品制备、数据分析与处理等)的要求并有利于检验检测工作的正常开展。当需要使用非实验室的场所或设施(永久控制之外的场所或设施)时，应确保满足实验室管理体系的要求。

实验室应有与所从事的检验检测工作相适应的工作场所，不同的功能区域应有清楚的标识，明确标注其功能定位，避免出现不相容或相互影响的情况(如以标牌、平面图或列表等方式明确标识各区域主要检验检测项目和用途)。检验检测核心区域与其他区域应分开设置或隔离，同时满足人流、物流的要求。实验室的面积应满足检验检测工作的需要，应为工作设备和所有必要的辅助设备保留存放空间，并应给检验检测人员和管理人员留有足够的操作和工作空间。应对影响检验检测质量和涉及安全区域的进入和使用加以控制并正确标识,且设置安全警示/提示标识,可根据其特定情况确定控制的范围,必要时设置门禁/门锁或专人管理。当人员的活动、行为影响检验检测范围内的环境条件并可能导致检验检测结果无效时,应对进入现场的人员做出限制规定。还应注意保护客户和实验室的秘密和相关权利,保证进入或使用相关区域的人员的安全。

实验室应配备适宜的设施和环境条件,有必要的防污染、防火、防盗、控制进入等安全措施,保持良好的内务,保证实验室整洁有序,以能获得可靠的检验检测结果为重要依据,最大程度确保设施和环境条件不会使检验检测结果无效,或不会对所要求的检验检测质量产生不良影响。在固定场所以外进行抽样、检验检测时,应特别注意环境条件带来的不良影响。

实验室应根据检验检测方法及所配置的设备使用要求等,针对如温度、湿度、尘埃、噪声、照度、振动、室内气压、换气率、电压稳定度、谐波失真度、电磁干扰、接地电阻等各项环境因素建立环境条件要求。如当检验检测工作对环境温度和湿度无特殊要求时,工作环境的温度宜维持在 16～26 ℃,相对湿度宜维持在 30％～65％;当检验检测工作对环境温度和湿度有特殊要求时,环境温度和湿度应符合相关国家标准或行业标准的要求。

实验室的光源/照明、电源、水源和气源等设施应满足检验检测工作和健康安全的需求。如实验室的检验检测工作电源应由独立电路供应,并与空调电源、照明电源分开。办公场所和实验室应提供充分的照明有助于人员健康、满足工作需要和提高工作效率,更可减少意外伤害和事故。操作位置照明应适合检验检测工作需要,应避免光线明暗对比强烈,且不宜眩光。

实验室防毒、消防、安全卫生防护等设施应能满足检验检测工作安全的需要,不致对人员健康、安全构成危害确保化学危险品、有毒有害物质、废弃样品和废弃物、电离辐射、高温、高电压、撞击以及水、火、电、气等危及安全的因素和环境得以有效控制。如噪声、振动、电源稳定性、接地电阻等条件应满足检验检测设备和检验检测方法的需求;应具备紧急出口并有明确的标识。水上作业、高空作业、有毒作业应配备救生衣、安全帽、安全绳、防毒面具、护目镜、防护服等必要的防护装备或设施,并定期检查其有效性(是否有破损、失效等)。在交通道路、桥梁等公共场所进行检验检测时,应配备必要的安全警示装备(如安全警示牌/警示灯或反光服装等)。

土壤样品应有独立的晾晒、研磨处理间。从事痕量分析的区域应验证检测设施和环境不影响检测结果的有效性。痕量金属分析需要关注环境中存在的灰尘,应尽可能采用措施避免灰尘进入;农药残留分析应注意环境中存在的有机物质,避免外来污染;在样品制备和分析的全过程中,实验室墙壁涂料、排烟罩及其他固定设施所用的材料不应通过产生空气携带微粒的途径对检验检测样品、标准物质和其他试剂造成污染。

实验室关键区域配备对温度及其他相关特殊要求进行控制、检验检测的设施。依据相关的规范、方法和程序要求,当设施和环境条件对检验检测结果有影响时,应监测、控制和记录环境条件。

实验室应实施、监控并定期评审控制设施的措施,这些措施应包括但不限于:

(1)进入和使用影响检验检测活动的区域。

(2)预防对检验检测活动的污染、干扰或不利影响。

(3)有效隔离不相容的检验检测活动区域。

对于化学检测,有必要防止实验室器皿对样品或标准溶液产生污染。对于互不相容的检测,应使用不同的器皿。从事痕量分析的实验室应配备专用的器皿,以避免可能的交叉污染;器皿清洗应关注清洗剂中可能存在的分析物及分析干扰物。必要时,实验室应对于不同检验检测的器皿使用不同的清洗、储存和隔离程序并形成文件。如果检验检测方法中规定了器皿的清洗方法或注意事项,实验室应遵守或予以关注。

实验室应将不相容活动的相邻区域进行有效隔离,不同类型的实验室尽可能有各自独立的区域,互不影响,可采取空间或时间上的措施以防止交叉污染和相互干扰。同一检验检测区间内检验检测用试剂与目标物不能存在相互干扰;有避震要求的检验检测应远离产生振动的区域;固体样品的风干和制备应有效隔离。实验室应有独立的样品存贮间,清、污样品应分开区域存放,确保不同浓度样品存贮时不会存在相互影响。其他检验检测标准规范要求对环境条件进行控制时,应有必需的设备和设施。当检验检测过程中可能会存在危害环境或人员安全情况时,应配备必要的安全防护设备和设施。

检验检测人员应在被指定的区域执行检验检测工作,不得擅自在非指定的工作区域内执行未许可的检验检测工作,必须保持实验室内的设备、设施定位安放;不可在实验室内从事与检验检测活动无关的活动,不允许带入与检验检测无关的物品、书籍和器材等,确保实验室整洁卫生,设施陈列整齐、合理;也不允许在办公区域从事检验检测活动。

有机实验室设施和环境条件(包括有机试剂配制、样品前处理以及仪器分析),应满足有机检验检测活动的需要,以确保在任何时候都不会对检验检测结果的有效性产生不利影响。有机实验室应采取措施,以避免环境、通风、试剂、高浓度样品等因素对挥发性有机物测试造成影响,应对有机测试区域进行有效和持续的监控,正确识别并有效隔离不相容活动区域,如隔离挥发性有机物与半挥发性有机物测试区域、样品前处理区域与仪器分析区域等。

在固定场所以外进行现场测试或抽样时,应对现场环境条件和安全保障条件等予以关注,如现场检测或抽样位置、电力供应、安全性等是否能保证检验检测人员安全和测试的规范性。当检验检测标准或规范对现场测试或抽样现场环境条件有要求时,应予以记录,如气象条件、周边环境影响等。如不满足检验检测标准、规范要求时,应对不符合或偏离情况予以记录,并告知委托方。

非固定场所进行检验检测的设施和场地条件,应满足检验检测方法和设备的要求,对可能影响非固定场所检验检测结果的环境参数予以记录。在非固定场所检验检测多个参数时应注意避免项目之间的相互干扰。关注非固定场所检验检测活动环境的处置,确保开展检验检测活动的环境不受到破坏。

微生物实验室总体布局应减少和避免潜在的污染和生物危害,即实验室布局设计宜遵循"单方向工作流程"原则,防止潜在的交叉污染。办公区域应与实验室有效隔离,实验室间应有有效的隔离,有措施防止交叉污染。

(1)使用时,应限定在某个工作区域专门使用的物品,如防护服、移液器、离心管等。

(2)样品中有霉菌时,要有适当的措施控制孢子在空气中的扩散。

(3)应有妥善处理废弃样品和废弃物(包括废弃培养物)的设施和制度。

(4)二级微生物实验室应配备经检定合格满足要求的生物安全柜。

(5)进入实验室要穿工作服,不允许穿着工作服到实验室以外的地方。

微生物实验室不同的功能区域应有清楚的标识,应正确使用与检验检测活动生物安全等级相对应的生物危害标识。应对授权进入微生物实验室的人员采取严格控制,并明确以下内容:

(1)特殊区域的特定用途。

(2)特殊工作区域的限制措施。

(3)采取这些限制措施的原因。

对实验室设施和环境条件的要求,可参照 RB/T 047《检验检测机构管理和技术能力评价　设施和环境条件通用要求》。

二、实验室设施和环境条件管理

1. 实验室设施和环境管理目的

实验室设施和环境管理目的是通过对实验室的设施和环境进行管理和控制,满足检验检测工作的要求,保证检验检测结果的有效性和准确性。

2. 实验室设施和环境条件管理要求

检验检测人员应在检验检测工作开始之前检查设施和环境条件,根据有关规定或当环境条件可能影响检验检测工作质量时,对环境条件进行监控、记录,确保在满足要求的环境条件中进行检验检测工作;不具备环境条件或当环境条件危及检验检测工作质量时,应立即停止检验检测工作。技术负责人负责日常监督检查检验检测人员是否做好监控和记录实验室设施和环境条件的工作如下表 7-5,表 7-6。

表 7-5　某实验室环境条件监控要求

序号	房间名称	温度要求/℃	湿度要求/(% RH)	其他要求
1	有机分析室	10～30 ℃	30%～75%	配备稳定电源
2	无机分析室	10～30 ℃	20%～80%	保持室内清洁
3	天平室	18～28 ℃	40%～60%无凝结	附近应无震源。室内应避免日光直射,不允许用水。天平台应防震
4	BOD 分析室	20 ℃±2 ℃	≤70%	保持室内清洁
5	样品室	10～30 ℃	/	保持室内清洁
6	冷库	2～8 ℃	/	保持室内清洁
7	ICPMS 分析室	15～25 ℃	20%～70%	配备稳定电源。最适宜环境温度:20 ℃±2 ℃。最适宜环境湿度:35%～50%
8	试剂室	≤30 ℃	≤70%	保持良好通风
9	冰箱(冷藏室)	2～8 ℃	/	保持整洁
10	冰箱(冷冻室)	≤－10 ℃	/	保持整洁

表 7-6　实验室环境温湿度记录表

区域名称：__________　温度要求：__________　湿度要求：__________　__××年__ __××__月

日期	上午				下午			
	记录时间	温度/℃	相对湿度/%	记录人	记录时间	温度/℃	相对湿度/%	记录人
1								
2								
3								
4								
5								
6								
7								
8								
9								
10								
11								
12								
13								
14								
15								
16								
17								
18								
19								
20								
21								
22								
23								
24								
25								
26								
27								
28								
29								
30								
31								

3. 案例：微生物实验室设施和环境条件的监控措施

微生物实验室使用前、使用后必须用紫外线照射灭菌，时间 20～30 min。使用前应对微生物实验室的无菌状态进行质量监控。对需要使用的非无菌器具和器皿应能正确实施灭菌，无菌器具和器皿应有明确标识并与非无菌器具和器皿加以区别。对需要在洁净条件下工作的区域，应能有效地监控和记录环境条件。当条件不满足检验检测方法要求或者可能影响到检验检测的结果时，应停止实验，查找原因，进行彻底消毒和整改处理。

定期使用生物指示物检查灭菌设备的效果并记录，指示物应放在不易达到灭菌的部位。日常监控可以采用物理或者化学方式进行。

在操作过程中遇有溢洒，应及时清理，并用消毒液对被污染的部位进行消毒处理。实验结束后，及时清理工作台面和实验用具，并对实验用品进行高压灭菌处理。

项目拓展实训

1. 检查实验室设备标识、整理实验室设备档案，熟悉实验室设备管理相关流程和要求，设计相关表格。

2. 汇总检查发现的问题，为实验室的设施和环境条件管理提出合理化建议。

项目八
实验室试剂和标准物质管理

学习目标

(1)掌握实验室用水管理要求。

(2)掌握实验室化学试剂管理要求。

(3)掌握实验室标准物质的管理要求。

任务一　实验室用水管理

实验用水主要用于溶解、稀释和配制溶液等。不同类型实验室对水的质量要求不同，水的质量直接影响到检验检测结果和仪器的使用期限。天然水和自来水中存在很多杂质，不能直接用于实验，必须经过纯化后才能使用。因此，检验检测人员应根据实验要求合理地选用适当规格的实验用水。

一、实验室用水的质量要求

(一)分析实验室用水规格

根据国家标准 GB/T 6682—92《分析实验室用水规格和试验方法》的规定，分析实验室用水分为三个等级：一级水、二级水和三级水。

一级水：基本上不含有溶解或胶态离子杂质及有机物，用于有严格要求的分析试验，包括对悬浮颗粒有要求的实验，如高效液相色谱分析用水。一级水可用二级水经过石英设备蒸馏或离子交换混合床处理后，再经过 0.2 μm 微孔滤膜过滤来制取。

二级水：用于无机痕量分析等实验，如原子吸收光谱分析、电化学分析实验等。二级水可用多次蒸馏或离子交换等方法制取。

三级水：用于一般化学分析实验，可用蒸馏或离子交换等方法制取。

表 8-1 为分析实验室用水的技术要求。

表 8-1 分析实验室用水的技术要求

名称		一级	二级	三级
pH 的范围(25 ℃)		①	①	5.0～7.5
电导率(25 ℃)/(mS/m)	≤	0.01②	0.10②	0.50
可氧化物质[以(O)计]/(mg/L)	<	③	0.08	0.4
吸光度(254 nm,1 cm 光程)	≤	0.001	0.01	—
蒸发残渣(105 ℃±2 ℃)/(mg/L)	≤	③	1.0	2.0
可溶性硅[以(SiO_2)计]/(mg/L)	<	0.01	0.02	—

注:①由于在一级水、二级水的纯度下,难以测定其真实的 pH,因此对一级水、二级水的 pH 范围不做规定;②一级水、二级水的电导率须用新制备的水"在线"测定;③由于在一级水的纯度下,难以测定可氧化物质和蒸发残渣。对其限量也不做规定,可用其他条件和制备方法来保证一级水的质量。

(二)影响纯水质量的因素

影响纯水质量的主要因素有三个:空气、容器、管路。

在实验室中制取纯水不难达到纯度指标。但一经放置特别是接触空气,纯水的电导率会迅速下降。例如,用钼酸铵法测磷及纳氏试剂法测氨,无论用蒸馏水还是离子交换水,只要是新制取的纯水都适用。而一旦放置后使用,空白值便显著升高,主要是因为空气和容器的污染。

玻璃容器盛放纯水可溶出某些金属及硅酸盐,有机物较少。聚乙烯容器所溶出的无机物较少,但有机物比玻璃容器略多。

纯水导出管在瓶内部可用玻璃管,瓶外导管可用聚乙烯管,在最下端接一段乳胶管,以便配用弹簧夹。

(三)分析实验室用水的容器与储存

各级用水均使用密闭、专用聚乙烯容器。三级水也可以使用密闭的、专用玻璃仪器。新容器在使用前需用 20% HCl 溶液浸泡 2～3 d,再用实验用水反复冲洗数次。各级用水在储存期间,其玷污的主要来源是容器可溶性成分的溶解、空气中 CO_2 和其他杂质。因此,一级水不可储存,临用前制备。二级水、三级水可适量制备,分别储存于预先经同级水清洗过的相应容器中。

实验用水的标签应清楚标识制备时间、名称等信息,必要时还应根据不同用途注明相应的级别。

二、实验室用水的特殊要求

实验室用水的特殊要求包括:无氧、无氨、无二氧化碳、无砷、无铅(无重金属)、无酚、无有机物、pH≈7 高纯等。

三、实验室用水的制备方法

实验用水又称纯水。

纯水的制备是指将原水中可溶性和非可溶性杂质全部除去的水处理方法。制备方法通常包括蒸馏法、离子交换法、亚沸蒸馏法和电渗析法。

目前，国内外厂商已先后推出了多种纯水、超纯水设备可供选用。这些设备整合了离子交换、反渗透、超滤和超纯去离子等技术，能达到实验室对水纯度的要求，具有操作简便、设备简单、出水量大等优点，可广泛应用于不同要求的分析工作。

任务二　实验室化学试剂管理

化学试剂是化学实验中不可缺少的物质。试剂选择与用量是否恰当，将直接影响实验结果的好坏。对于实验工作者来说，了解试剂的性质、分类、规格及使用常识是非常必要的。

一、化学试剂的分级和规格

化学试剂的种类很多，世界各国对化学试剂的分类和分级标准不尽相同。国际纯粹化学与应用化学联合会(IUPAC)将化学标准物质分为A级、B级、C级、D级和E级(表8-2)，其中C级和D级为滴定分析标准试剂，E级为一般试剂。我国的国家标准和部颁标准规定了各级化学试剂的纯度及杂质含量，并规定了标准分析法。我国生产的试剂质量分为四级，见表8-3。

表8-2　IUPAC对化学标准物质的分级

级别	规定
A	相对原子质量标准
B	与A级最接近的基准物质
C	含量为(100±0.02)%的标准试剂
D	含量为(100±0.05)%的标准试剂
E	以C、D级试剂为标准进行对比测定所得到的纯度或相当于这种试剂的纯度，比D级的纯度低

表8-3　化学试剂的分级

代号	标签颜色	适用范围
GR	绿色	纯度提高，适用于精确分析和研究工作，有的可作为基础物质
AR	红色	纯度提高，适用于一般分析及科研用
CP	蓝色	适用于工业分析与化学试验
LR	棕色	只适用于一般化学实验用

国外试剂规格有的与我国相同，有的不一致，试剂的具体规格可根据标签上所列杂质的含量加以判断。如常用的ACS(American Chemical Society)为美国化学协会分析试剂规格。“Spacpure”为英国Johnson Malthey出品的超纯试剂。德国的E. Merck生产有Suprapur(超纯试剂)。美国G. T. Baker有Ultex等。

二、化学试剂的包装

化学试剂的包装单位是指每个包装容器内盛装化学试剂的净重(固体)或体积(液体)。包装单位的大小是根据化学试剂的性质、用途和经济价值决定的。

我国规定化学试剂以五类包装规格包装。

第一类:0.1 g、0.25 g、0.5 g、1 g、5 g或0.5 mL、1 mL。

第二类:5 g、10 g、25 g或5 mL、10 mL、25 mL。

第三类:25 g、50 g、100 g或20 mL、25 mL、50 mL、100 mL。

第四类:100 g、250 g、500 g或100 mL、250 mL、500 mL。

第五类:500 g、1 000 g至5 000 g(每500 g为一间隔)或500 mL、1 L、2.5 L、5 L。

实验室应根据实际工作中对某种试剂的需要量决定采购化学试剂的包装规格。如一般无机盐类以500 g、有机溶剂以500 mL包装的居多。而指示剂、有机试剂、高纯试剂、贵金属、稀有元素等多购买小包装,如5 g、10 g、25 g等。

三、化学试剂的选用与使用注意事项

1. 化学试剂的选用

化学试剂的选用应以分析要求(包括分析任务、分析方法、对结果准确度等)为依据,选用不同等级的试剂。如痕量分析要选用高纯度或优级纯试剂,以降低空白值和避免杂质干扰。在以大量酸碱进行样品处理时,其酸碱液应选择优级纯试剂。作仲裁分析也常选用优级纯、分析纯试剂。一般车间控制分析,选用分析纯、化学纯试剂。某些制备实验、冷却浴或加热浴用药品,可选用工业品。

不同分析方法对试剂也有不同的要求。如络合滴定,最好用分析纯试剂和去离子水,否则会因试剂或水中的杂质金属离子封闭指示剂使滴定终点难以观察。

不同等级的试剂价格往往相差甚远,纯度越高价格越贵。因此在试剂等级选择时,应综合考虑是否会造成资金浪费或影响实验结果。

另外也应注意,虽然化学试剂是按照国家标准进行检验合格后才出厂销售,但不同厂家用不同原料和工艺生产的试剂在性能上有时有显著差异,甚至同一厂家不同批号的同一类试剂,其性质也很难完全一致。因此,在某些要求较高的分析实验中,不仅要考虑试剂的等级,还应注意其生产厂家、产品批号等,必要时应做专项检验和对照实验。

2. 化学试剂的使用注意事项

(1)有些试剂由于包装不良或放置时间太长而可能变质,使用前应做检查。为了保障人身安全,实验人员应严格遵循化学试剂的使用守则,并严格要求有关人员共同遵守。实验室工作人员应熟悉常用化学试剂的性质,如市售酸碱的浓度,试剂在水中的溶解度,有机溶剂的沸点、燃点,试剂的腐蚀性、毒性、爆炸性等。

(2)工作人员应对所有试剂加贴标签,标签应清楚标识试剂名称、浓度、溶剂、配制日期、配制人和有效期等必要信息;万一标签脱落,应照原样贴牢。绝对不允许在容器内装入与标签不相符的物品。无标签的试剂必须取小样鉴定后才可使用。不能使用的化学试剂要慎重处理，不能随意乱倒。

(3)为了保证试剂不受污染，工作人员应当用清洁的牛角勺或不锈钢小勺从试剂瓶中取出试剂，绝对不可用手抓取。若试剂结块，可用清净的玻璃棒或瓷药铲将其捣碎后取出。液体试剂可用洗干净的量筒倒取，不要用吸管伸入原试剂中吸取液体。从试剂瓶内取出的、没有用完的剩余试剂，不可倒回原瓶。

(4)打开易挥发的试剂瓶塞时，不可把瓶口对准自己脸部或对准别人。不可用鼻子对准试剂瓶口猛吸气；如果需嗅试剂的气味，可把瓶口远离鼻子，用手在试剂瓶上扇动，使空气流吹向自己而闻出其味。绝不可用舌头品尝化学试剂。化学试剂一般不能作为药用或食用，医药用药品和食品的化学添加剂都有安全卫生的特殊要求，由专门厂家生产。

四、化学试剂的管理与安全存放条件

化学试剂大多数具有一定的毒性及危险性，对化学试剂加强管理，不仅是保证分析结果质量的需要，也是确保人民生命财产安全的需要。

化学试剂应根据试剂的毒性、易燃性、腐蚀性和潮解性等不同的特点以不同的方式妥善管理。

此外还应注意：实验室内只宜存放少量短期需用的药品，大量试剂应放在试剂库内。易燃易爆试剂应放在铁柜中，且柜的顶部要有通风口；严禁在实验室内存放总量超过 20 L 的瓶装易燃液体，对于一般试剂，如无机盐，应有序地存放在试剂柜内，可按元素周期系类族，或按酸、碱盐、氧化物等分类存放。存放试剂时，要注意化学试剂的存放期限，某些试剂在存放过程中会逐渐变质，甚至形成危害物。如醚类、四氢呋喃、烯烃、液体石蜡等，在见光条件下，若接触空气可形成过氧化物，放置时间越久越危险。某些具有还原性的试剂，如苯三酚、$TiCl_3$、四氢硼钠、$FeSO_4$、维生素 C、维生素 E 以及金属铁丝、铝粉、镁粉、锌粉等易被空气中的氧所氧化变质。

化学试剂须分类隔离存放，不能混放在一起，通常分成下面几类。

(1)易燃类。易燃类液体极易挥发成气体，遇明火即燃烧，人们通常把闪点在 25 ℃以下的液体均列入易燃类。闪点在−4 ℃以下者有石油醚、氯乙烷、乙醚、汽油、二硫化碳、缩醛、丙酮、苯、乙酸乙酯、乙酸甲酯等。闪点在−4～25 ℃以下的有丁酮、甲苯、甲醇、乙醇、异丙醇、二甲苯、乙酸丁酯、乙酸戊酯、三聚甲醛、吡啶等。

这类试剂要求单独存放于阴凉通风处，理想存放温度为−4～4 ℃。闪点在 25 ℃以下的试剂，存放最高室温不得超过 30 ℃，特别要注意远离火源。

(2)剧毒类。专指由消化道侵入极少量即能引起中毒致死的试剂。生物试验半致死量在 50 mg/kg 以下者称为剧毒物品，如氰化钾、氰化钠以及其他剧毒氰化物，三氧化二砷及其他剧毒砷化物，二氯化汞及其他剧毒汞盐，硫酸二甲酯，某些生物碱和毒苷等。

这类试剂要置于阴凉干燥处，与酸类试剂隔离。应锁在专门的毒品柜中，建立双人登记签字领用制度，建立使用、消耗、废物处理等制度。皮肤有伤口时，禁止操作这类物质。

(3)强腐蚀类。指对人体皮肤、黏膜、器官等组织和物品有极强腐蚀性的液体和固体(包括蒸汽)，如发烟硫酸、硫酸、发烟硝酸、盐酸、氢氟酸、氢溴酸、氯磺酸、一氯乙酸、甲酸、乙酸酐、氯化氧磷、五氧化二磷、无水三氧化铝、溴、氢氧化钠、氢氧化钾、硫化钠、苯酚、无水肼、水合肼等。

这类试剂要求在阴凉通风处存放，并与其他药品隔离放置。应选用抗腐蚀性的材料，如耐酸水泥或耐酸陶瓷制成架子来放置这类药品。料架不宜过高，也不要放在高架上，最好放在地面靠墙处，以保证存放安全。

(4)燃爆类。这类试剂中，遇水反应十分猛烈发生燃烧爆炸的有钾、钠、锂、钙、氢化锂铝、电石等。钾和钠应保存在煤油中。试剂本身就是炸药或极易爆炸的有硝酸纤维、苦味酸、三硝基甲苯、三硝基苯、叠氮或重氮化合物、雷酸盐等，要轻拿轻放。与空气接触能发生强烈的氧化作用而引起燃烧的物质如黄磷，应保存在水中，切割时也应在水中进行。引火点低，受热、冲击、摩擦或与氧化剂接触能急剧燃烧甚至爆炸的物质有硫化磷、赤磷、镁粉、锌粉、铝粉、萘、樟脑等。

此类试剂要求存放室温不超过 30 ℃，与易燃物、氧化剂均须隔离存放。料架须用砖和水泥砌成，有槽，槽内铺消防砂。试剂置于砂中，加盖，万一出事不致扩大事态。

(5)强氧化剂类。这类试剂是过氧化物或含氧酸及其盐，在适当条件下会发生爆炸，并可与有机物、镁、铝、锌粉、硫等易燃固体形成爆炸混合物。这类物质中有的能与水起剧烈反应，如过氧化物遇水有发生爆炸的危险。属于此类的试剂有硝酸铵、硝酸钾、硝酸钠、高氯酸钾、高氯酸钠、高氯酸镁、铬酸酐、重铬酸钾及其他铬酸盐、高锰酸钾及其他高锰酸盐、氯酸钾、氯酸钡、过硫酸铵及其他过硫酸盐、过氧化钠、过氧化钾、过氧化钡、过氧化二苯甲酰、过乙酸等。存放处要求阴凉通风，最高温度不得超过 30 ℃。要与酸类及木屑、炭粉、硫化物、糖类等易燃物、可燃物或易被氧化物(即还原性物质)等隔离，堆垛不宜过高过大，注意散热。

(6)放射性类。一般实验室不会有放射性物质。实验操作这类物质需要特殊防护设备和知识，以保护人身安全，并防止放射性物质的污染与扩散。

以上六类均属于危险品。

(7)低温存放类。此类试剂需要低温存放才不至于聚合变质或发生其他事故。属于此类试剂的有甲基丙烯酸甲酯、苯乙烯、丙烯腈、乙烯基乙炔及其他可聚合的单体、过氧化氢、氢氧化铵等。应存放于 10 ℃以下。

(8)贵重类。单价贵的特殊试剂、超纯试剂和稀有元素及其化合物均属于此类。这类试剂大部分为小包装，应与一般试剂分开存放，加强管理，建立领用制度；常见的有钯黑、氯化钯、氯化铂、铂、铱、铂石棉、氯化金、金粉、稀土产品等。

(9)指示剂与有机试剂类。指示剂可按酸碱指示剂、氧化还原指示剂、络合滴定指示剂及荧光吸附指示剂分类排列。有机试剂可按分子中碳原子数目多少排列。

(10)一般试剂：一般试剂分类存放于阴凉通风、温度低于 30 ℃的柜内即可。

任务三　实验室标准物质管理

一、标准物质的采购和选择

(一)标准物质定义

标准物质(RM)指具有足够均匀性和且稳定的特定特性的材料,其特性已被证实适合用于测量标准物质(RM)指具有足够均匀性和稳定特性的物质,其特性被证实适合用于测量或标称特性检查中的预期用途。或标称特性检查过程的预期用途。标准物质可以是纯的或混合的气体、液体或固体,也可以是标准菌种,包括有证标准物质和非有证标准物质。

(1)有证标准物质(CRM)指采用计量学上有效程序测定的一种或多种规定特性的标准物质,并附有证书提供规定特性值及其不确定度和计量溯源性的陈述。

(2)非有证标准物质包括从外部购入的某些纯物质、参考(标准)物质、质控样品、校准物、自行配置的标准溶液、标准气体等。

(二)标准物质的购买和选择

当使用标准物质建立溯源性时,实验室应优先购买和选择以下标准物质:

(1)国家计量院(NMI)生产的且在国际计量局关键比对数据库(BIPM/KCDB)范围内的有证标准物质。

(2)获得 CNAS 认可的,或由签署国际实验室认可合作组织互认协议[APLAC MRA(RMP)]的认可机构所认可的 RMP 在认可范围内生产的标准物质。

(3)国际检验医学溯源标准物质/标准样品生产者(RMP)联合委员会(JCTLM)数据库中公布的有证标准物质。

(4)我国计量行政主管部门批准的有证标准物质。

(5)我国标准化行政主管部门批准的有证标准物质。

当上述标准物质不可获得时,也可根据检验检测方法选用其他适当的标准物质(无证标准物质),并保留溯源性信息。使用无证标准物质开展检验检测工作前,应对其进行必要的比对验证,以获取相应的数据证明其数值的真实、量值的可追溯,保证所采用的标准物质的量值准确、可靠,确保其纯度及准确性等能够满足使用的要求。

实验室有采购标准物质的需求时,需要制订“标准物质采购计划”并经审批。“标准物质采购计划”至少要包括标准物质名称、编号、规格、数量等内容。在标准物质采购运输过程中应采取措施防止污染或损坏,确保其完整性。

标准物质的选择和使用可参照 ILAC G9《标准物质的选择和使用指南》、APLAC TC012《化学检测中校准设备的化学 RM 和商业化学试剂选用指南》、GB/T 15000.9《分析化学中校准和有证标准样品的使用》、JJF1507《标准物质的选择和应用》和 CNAS-GL004《标准物质/标准样品的使用指南》。

二、标准物质的验收、使用、贮存和管理

(一)标准物质的验收

实验室对购入的标准物质进行验收时,除需要对照“标准物质采购计划”和采购合同核对相关信息,以确认符合“标准物质采购计划”和采购合同的要求外,还需检查包装及标识的完好性(或密封度)、证书与实物的对应性。使用时,还应检查证书中标明的特性量值、不确定度、基体组成、有效日期、保存条件、安全防护、特殊运输要求等内容。具体步骤为:

(1)检查标准物质的到货包装是否完好(或密封度),是否有破损和污染。对于有低温等特殊运输要求的标准物质,可行时要检查运输状态。

(2)检查数量、标签/标号、证书内容(如品名、级别、规格、编号/批号、生产日期、有效期、生产单位、使用/储存说明、预期用途、特性值等)或其他证明文件的信息是否符合采购申请/要求。

(3)检查其成分或内容物外观、性状(颜色、状态、沉淀、分层等)是否有异常变化,是否符合试剂药品固有的物理、化学、生物性质的要求等。

(4)检查标准物质是否有证书。对标准物质标签和证书内容的检查可以参考 CNAS-GL010《标准物质/标准样品证书和标签的内容》。对于无证标准物质,在技术和经济条件可行时,安排对标准物质开展必要的比对验证/期间核查工作,以确保满足检验检测方法的要求。

(5)如有必要且可行,可以采用合适的实验手段确认标准物质的特性量值、不确定度、基体组成等特性。如同一种标准物质更换了生产商或批次,实验室可对新旧标准物质进行比较,既可验证旧标准物质特性量值的稳定性,也可确认新标准物质是否满足使用要求。

实验室应对标准物质必要的验收内容形成记录。标准物质验收记录一般包括:标准物质名称、编号、批号、包装、标识、证书、特性量值、不确定度、有效日期、购入日期、购入数量、生产商、验收人、验收结论等。如果采用检验检测手段进行实验验收,还应有验收时检验检测方法、检验检测结果、测量不确定度等的相关信息与记录。

对标准物质的验收具体可参照 CNAS-GL035《检测和校准实验室标准物质/标准样品验收和期间核查指南》。验收合格的标准物质方可投入使用。使用人领用后,实验室要按证书中规定的保存条件、保存期限妥善管理。验收不合格的标准物质,不能使用。

(二)标准物质的使用

实验室需要建立标准物质台账,登记标准物质相关信息,建立标准物质的采购、验收、保管、使用台账(表 8-4),实行领用登记的制度。

标准物质的使用,应严格按照有关标准规范或标准物质使用说明书使用。取出使用过剩的标准物质、标准溶液不应放回原瓶。

标准物质必须在有效期内使用,不得使用受损、污染、过期或经核查不符合要求的标准物质。

表 8-4　标准物质验收记录表

序号	标准物质名称	批次及规格	编号	包装完好	标识完好	证书对应性	证书信息		检测方法	检测结果		基体组成	购入日期	购入数量	生产厂家	保存条件	安全防护	特殊运输要求	验收人	验收结论	备注
							特性量值	不确定性		特性量值	不确定度										

(三)标准物质的贮存和管理

实验室应按有关说明对标准物质分类妥善贮存和管理，需满足该标准物质存放环境的要求，以防止污染、损坏和变质等，必要时需控制贮存环境条件，以防止环境条件对标准物质的纯度、精度及其确定特性等造成不良影响。

标准物质在制备、贮存和使用过程中，应特别关注其特定要求，包括其毒性、对热、空气和光的稳定性、与其他化学试剂的反应、储存环境等。

三、标准物质期间核查

需要时，标准物质在使用期间应按计划进行期间核查，核查可结合检验检测工作的实际，考虑标准物质的性状、储存环境、有效期限等影响因素进行。

(一)标准物质期间核查的方法

1. 有证标准物质的期间核查方法

对于有证标准物质在使用期间的期间核查，实验室一般不具备核查的技术能力，可结合检验检测工作的实际，采用以下方法进行核查：

(1)核查其是否在有效期内。

(2)是否按照该标准物质证书上所规定的适用范围使用。

(3)是否按照该标准物质证书上所规定的使用说明使用。

(4)是否按照该标准物质证书上所规定的测量方法与操作步骤使用。

(5)是否按照该标准物质证书上所规定的储存条件和环境要求等信息进行管理。

(6)通过其成分或内容物外观核查,包括性状(颜色、状态、沉淀、分层等)是否有异常变化,是否符合试剂药品固有的物理、化学、生物性质的要求等。

以上六点可确保该标准物质的量值为证书所提供的量值。

对未开封的有证标准物质,实验室要核查该有证标准物质是否在有效期内,以及是否按照该有证标准物质证书上所规定储存条件和环境要求等正确保存。若满足要求,该有证标准物质不需要再采用其他方式进行期间核查。

对已开封的有证标准物质,实验室要确保其在有效期内使用。若该有证标准物质在有效期内允许多次使用,要确保其使用及储存情况满足证书上规定的要求。必要时,根据其稳定特性、使用频率、储存条件变化、测量结果可信度等情况,对其特性量值的稳定性进行核查。

2. 有证标准物质的期间核查结论

若上述情况的核查结果完全符合要求,实验室无须再对该标准物质的特性量值进行重新验证;如果发现以上情况出现了偏差,实验室则应对标准物质的特性量值进行重新验证,以确认其是否发生了变化。

3. 对于非有证标准物质的期间核查

对于非有证标准物质,实验室需要定期选择相应的核查方式对其特性量值的稳定性进行核查,并判断核查结果是否合格。

(二)标准物质期间核查的方式和频次

1. 标准物质期间核查方式

以下方式可选一种进行:

(1)检验检测足够稳定的、不确定度与被核查对象相近的实验室质控样品。

(2)与上一级或不确定度相近的同级有证标准物质进行量值比对。

(3)送有资质的检验检测/校准机构确认。

(4)进行实验室间的量值比对。

(5)测试近期参加能力验证且结果满意的样品。

(6)采用质量控制图进行趋势检查等。

2. 期间核查频次

实验室可通过日常的质控结果和质控图来监测标准物质的稳定性。如果没有质控数据,期间核查的频次可按照以下进行:

(1)有证标准物质的期间核查频次。未开封的有证标准物质在使用前按前述的要求进行一次核查。已开封且未使用完或可重复使用的有证标准物质,在证书要求的开瓶有效期内,至少进行一次期间核查。

(2)非有证标准物质/标准样品的期间核查频次。对于供应商或标准方法或权威文献提供了储存条件和有效期的非有证标准物质/标准样品,按其稳定特性等安排不少于一次的期间核查。对于首次使用、无法获得可靠有效期的非有证标准物质/标准样品,可行时,实验室要通过稳定性试验确认其预期有效期。以后再次使用时,在预期有效期内,可按其稳定特性等安排不少于一次的期间核查。

(3)核查频次的增加。当发现标准物质(无论是有证标准物质还是非有证标准物质/标准样品)可能存在质量风险时(例如储存条件失控、质控结果不满意等),应立即进行核查。必要时,以后再次使用同类标准物质时,应增加核查频次。

(三)标准物质期间核查结果的判定

标准物质期间核查结果的判定方法分为传递比较法、实验室比对法和控制图法。具体可参照CNAS-GL035《检测和校准实验室标准物质/标准样品验收和期间核查指南》。

(四)标准物质期间核查结果的利用

通过利用该标准物质自身测试结果与过去该类标准物质建立的质量控制图或管理样品(参考物质)测试结果的准确性对比判断符合其标准值控制范围,表明该标准物质的准确性保持稳定,可以继续使用。

如果对标准溶液的期间核查结果与其浓度有质疑,或如果期间核查结果表明该标准物质已经发生分解、产生异构体、浓度降低等特性变化,或偏离质量控制范围,或不能准确测定管理样品(参考物质),应立即停止使用,同时追溯对之前检验检测结果的影响,必要时通知客户收回发出的检验检测报告。

四、标准溶液的配制和使用

标准溶液的配制方法为:

(1)直接购买标准溶液,必要时可稀释使用。

(2)直接称量标准物质配制溶液,并根据标准物质重量和溶液体积计算溶液浓度。

(3)不是依据物质的重量和溶液体积直接计算溶液浓度而是通过标定得出浓度的滴定分析标准溶液,可以用分析纯试剂配制。溶液配制和标定执行GB/T 601《化学试剂标准滴定溶液的制备》。

配制标准溶液应做好记录,配制和标定好的标准溶液应加贴标签,标签应写明标准溶液名称、溶剂、浓度、配制日期、有效日期、配制人等必要信息。

标准溶液应摆放整齐,标识清楚、明显,并应在有效期内使用。当发现有浑浊、变色、变质等现象时,应立即停止使用,报告技术负责人后,按规定及时安排销毁。

标准溶液应存放在干燥、避光、通风、整洁的环境中,易受阳光影响的标准溶液,应放在棕色瓶中,存放在暗处保存。

五、标准物质的处理/处置

对已到期的标准物质可根据核查结果确定其是否可以降级使用或者做报废处理。对已失效报废的标准物质应按照实验室废弃物进行处置,并做好记录。

对已超过传代限度或经鉴定检查不合格的菌种,需经灭活(高压灭菌)后方可按照实验室废弃物进行处置,并做好记录。

项目拓展实训

1. 谈谈如何做一名合格的试剂管理员。

2. 按要求整理实验室的试剂库，按要求整理标准物质和证书，检查试剂库安全和环境条件控制情况，对过期试剂和标准物质写出合理的处理意见。

项目九
实验室样品管理

学习目标

(1)了解样品标识的重要性和样品标识系统的设计原则。

(2)熟悉样品接收、流转、保管和处置的基本要求。

样品管理是贯穿于实验室整个管理体系的重要内容。加强样品管理对提高实验室建设和管理水平具有重要意义。对检验检测样品的采集、标识、运输、接收、处置、保存/等候、制备、检验检测、存储、保留、处理或归还等过程进行管理,可确保样品的代表性、可获性和公正性,保护样品的完整性、安全性、稳定性和真实性,保护实验室的利益和客户的秘密和利益,确保客户的所有权和信息安全,确保检验检测工作正常进行和检验检测结果的科学、公正、准确、有效。

任务一　样品的标识系统

样品管理是实验室管理的一项重要内容,选择科学、有效的样品标识表示形式可以提升样品管理水平,提高检验检测工作效率,确保样品管理的可靠性和准确性。实现高效、便捷的样品管理,建立科学的样品标识系统是核心和关键。

一、样品标识的重要性

样品的代表性、有效性和完整性直接影响检验检测结果的准确度,因此必须对样品的取样、贮存、标识以及样品的处置等各个环节实施有效的控制,确保检验检测结果准确、可靠。样品标识工作作为每个样品赋予标识和记录的唯一标记,也就是样品的身份证明,是样品管理工作的必要且重要一环。

标识的重要作用体现在以下几方面:唯一性的标识便于追溯;对受控对象加以标识可使受控的状态明确;进行定置标识可使环境物品整洁有序,提高工作效率,减少差错;危险标识、操作禁忌等可使员工正规操作,避免危险等。规范、科学的标识是管理体系安全、高效、经济运转的前提条件。

二、样品的标识系统

样品的标识系统指由多种标识构成的标识体系，包括区分不同样品的唯一性标识、区别同一样品在不同流转阶段的状态标识（如“待检”“在检”“已检/检毕”“余样”和“留样”等）、样品存放区域的空间标识（如“待检区”“留样区”等）。样品标识系统的设计和使用，应确保样品不会在实物上或记录中和其他样品混淆。

实验室应建立清晰标识样品的系统，对采集或接收到的每一个样品都赋予唯一性标识。样品在检验检测的整个期间应保留其标识系统，确保样品在传递过程中不会对检验检测结果造成影响、不会混淆和误用，保护样品及其有关的状态和完整性及实验室与客户的利益。所谓“完整性”包括法律上的完整性（如保护客户机密和所有权）、实物（尤其是其检验检测特性的）的完整性以及过程的完整性，实验室应根据客户（包括法定管理部门）的规定检验检测，不能随意偏离。

技术负责人组织制订《样品编号规则》和样品标签式样（图 8-1）。实验室对样品进行唯一性标识/编号应根据《样品编号规则》进行。

样品编号：______	样品状态
采样时间：______	
检测项目：______	待检□
固定剂：______	在检□
运输方法：______	检毕□
储存方法：______	留样□

图 8-1 水质样品标签式样

对于不同的样品，可视实际情况在样品上、包装物上或标签上做样品标识。通常情况下，样品标识不应粘贴在容易与盛装样品容器分离的部件上，如容器盖，因其可能会导致样品的混淆。

如果需要将样品分开用于检验检测不同的特性，此时二次抽样样品应代表原始样品，样品标识应始终保留。

如果样品所处的检验检测状态和放置位置在检验检测前后难以区分，还应对样品进行“待检”“在检”“已检/检毕”和“留样”等标识。

任务二 样品的获取、流转和保管要求

一、样品的获取方式

实验室样品的获取方式主要有现场抽样和客户送样两种。

1. 现场抽样

实验室通过现场抽样等方式获取样品应当与客户约定抽样的具体要求，如实验室不负责抽样（如样品由客户提供），并在报告中声明结果仅适用于收到的样品。

现场抽样人员负责现场样品的采集、标识（唯一性编号）、运输、交接给样品管理员等，应确保样品的代表性、可获性和公正性。

现场抽样人员按照抽样计划和方法进行现场样品采集，按《样品编号规范》对现场所取样品进行唯一性标识。现场抽样过程中要注意需要控制的因素(包括影响检验检测结果的抽样因素的信息),以确保检验检测结果的有效性;当法律法规或技术标准对现场抽样有要求时,按其规定执行。

用玻璃瓶采集水质、土壤、固体废物等环境样品时,应按照相关标准中相应要求进行,可选择有聚四氟乙烯涂层等材质密封垫的螺旋盖;有机样品采集后,可在抽样现场进行制备处理后再运输保存。

现场抽样人员将所取样品按照有关样品存储和运输的要求进行保存和运输,应保护样品的完整性、安全性、稳定性和真实性。微生物样品运输和储存应按照要求保存在一定的条件下(如合适的冷藏或冰冻),以保持样品的完整性;取样之后及时运输至实验室,运输时间需符合相关标准要求;如果条件合适,应记录取样到送达实验室的运输和储存详细情况,建立责任档案。

有机待测样品的储存和运输宜全过程采取低温、避光、避震措施,高浓度或强挥发性的样品宜明确标识并有效隔离。

2. 客户送样

如通过客户送样获取样品,客户应当如实告知样品的来源、标识信息和基本状态,实验室和客户应当对样品的来源、标识信息和基本状态进行确认并做好记录,确保样品的可追溯性。客户未如实告知的,实验室可以拒绝提供检验检测服务。如客户提供的样品资料不真实,或者在样品、资料上弄虚作假,实验室可以拒绝检验检测。如在检验检测过程中或检验检测完成后发现客户未如实告知样品信息,或提供的样品资料不真实,亦或者在样品、资料上弄虚作假,实验室可以终止检验检测、声明检验检测报告作废或根据情况追究法律责任。

当客户自行抽样时,实验室应告知客户微生物、有机检验检测等的抽样、样品运输保存和检验检测时限等技术要求。

二、样品的接收和传递

样品管理员接收样品,应核对样品的完整性、适应性,并按标准规定对样品进行品种、标识、规格、数量或体积、状态、外观、特性、是否添加保存剂等进行检查和记录,符合要求者,予以受理。当对客户送检的样品是否适合于检验检测存有疑问,或当样品不符合描述,或对所要求的检验检测规定得不够详尽时,或与检验检测方法所述正常(或规定)条件有偏离时,实验室应在检验检测前问询客户,得到进一步的说明,并记录下讨论的内容。对于含有有毒有害成分的样品,接收记录中应至少包括数量以及危害性信息的描述。

当客户知道偏离了规定条件仍要求进行检验检测时,实验室应在检验检测报告中做出免责声明,并注明样品偏离情况、指出偏离可能影响的结果,同时应根据偏离情况慎重考虑做出结果符合性判定的风险。当认为样品偏离有可能影响检验检测结果的准确性时,实验室应充分标识可能存在的风险,可拒收不符合要求的样品。

样品管理员根据检验检测委托书上的内容将样品分配给检验检测人员,检验检测人员应在样品流转单上签字确认。样品在流转过程中,检验检测人员应对样品加以防护,避免其受到非检验检测性损坏或丢失,应确保样品标识(唯一性编号)不得遗失,更不允许有任何改变。样品在制备(分样、研磨、净化等)、前处理(提取、蒸馏、浓缩、稀释等)和分析过程中可能涉及多个容器的转换,样品的体积和相态也可能有变化,检验检测人员应注意保持样品初始标识在多次转换过程中的对应关系,做好标识变化记录,以确保样品标识在整个检验检测过程中可逐级追溯。

检验检测人员在检验检测工作开始前应对非固定场所抽取的样品进行检查,当发现或怀疑样品出现异常时,应进行重新采样。不能重新采样时,应在原始记录和检验检测报告中对样品状态予以描述;可能时,应分析样品的损坏或污染等对检验检测结果的影响。

检验检测人员应依据确定的相关检验检测方法对样品进行检测,填写检验检测原始记录和样品流转单等,并负责在检验检测过程中对样品合理储存和传递。实验室保存样品在实验室中完整的流转记录,以备核查。样品流转记录应包含样品群组的细分和样品在实验室内外部的传递。微生物项目样品的检验检测要尽可能在取样之后及时进行,并且要符合相关标准。

检验检测人员取好本人检验检测所需要的样品后,应及时将样品交回/放回样品待检区,以方便其他人员领用。

检验检测人员在确认本次检验检测任务完毕后,汇总并审核样品流转单、原始记录等后提交至技术负责人,验余样品交还样品管理员。

用于二次抽样的容器应确保不对样品造成污染,应选择适当的设备用于二级抽样、包装、提取等,以避免影响检验检测结果。从实验室样品中抽取的样品应具有样品代表性。

检验检测人员不能主观认定样品是均匀的。如果一个样品明显为两个或多个物理相态,则可能由于每一个相态内分析物的分布不同,需要分离各相态并将其作为单独的样品处理。

在检验检测之后要重新投入使用的样品,需特别注意确保样品的处置、检验检测或存储/等待过程中不被破坏或损坏。

针对电气检验检测领域,适用时,任何为使样品通过检验检测的修改(包括电子硬件和软件修改、样品工作状态的调整等)都应记录。修改的样品也应有唯一性标识。原样品和修改样品的提交日期应分别记录。

三、样品的存放、调制、养护和保管

样品的存放和保管应设有专门的样品室并配备合适的设施。样品贮存环境应安全、无腐蚀、清洁干燥且通风良好,有温湿度监控,利于样品存放。环境样品(泛指环境质量和污染源样品等)的储存条件应当监控和记录。对要求在特殊环境下贮存的样品,应严格控制环境条件。

样品室应由样品管理员专人负责,加锁管理,防止无关人员随意进出。样品管理员负责样品室的温湿度等环境条件的监控和记录,确保样品存放合理、安全、整齐、分类明确、标识清晰,保证样品的登记和安全贮存;确保样品贮存设备/设施足够保存所有的样品(如在样品需要低温保存时,冷冻冷藏设备有足够的容量和满足样品保存所要求的条件,并具备保持样品完整性和不会改变其性状的条件)。检验检测人员负责在检样品的存放合理、安全、整齐、

分类明确、标识清晰。必要时，样品保存区域应安装影像监控设施。

样品管理员应按可行方案妥善贮存样品，确保不同类型样品，特别是易变质、易燃易爆样品要按规定条件贮存。对腐蚀性、易燃、易爆和有毒有害的危险样品，应隔离存放并做出明显标记。样品管理员应根据样品来源（如环境质量或污染源）、不同项目（如挥发性样品和半挥发性样品）、不同保存要求（如常温或冷藏）等因素，合理分区存放样品，并做好标识，防止样品混淆和交叉污染。

样品管理员在样品需要在规定的环境条件下进行储存或调制、养护或预处理时，应维护、保持、监控和记录这些条件，确保样品的稳定性和真实性；在样品或其一部分需要安全保护时，应对存放环境的安全做出安排，以保护该样品或样品有关部分处于安全状态，保护其完整性。

对延长贮存时间可能会影响检验检测结果的样品，应规定最长保留时间并在规定的时间内进行检验检测。

样品管理员和各检验检测人员需将待检样品、在检样品、验余样品和留存样品分别存放在固定区域，根据《委托检验检测合同》中对样品的存放条件和相关标准规范等要求保存样品。各区域应加贴标识分开管理，不得在样品存放区域中放置与样品无关的物品，如实验用器皿等。

留存样品应按照规定数量、品种执行，以备复测、仲裁使用。样品管理员应对留存样品进行认真验收和管理。

对于司法样品、有毒有害样品、易制毒样品、易爆样品、贵重样品的传递、使用、储存和控制应予以更多的关注。

任务三　样品的保密和处置

一、样品的保密

实验室有责任对客户的样品、检验检测结果、资料和有关信息等进行严格的保密。

客户的样品实物及其技术指标、技术状态、技术评价、在同行业的技术排位以及检验检测数据和结果等均涉及保密。客户的知识产权是客户的智力劳动创造的成果，应予以保密。样品由样品管理员接收和验收，负责客户样品及信息的保护，已检验检测过的样品处理应保障客户的信息安全，确保客户的所有权和专利权不受侵犯。

二、样品的处理和处置

检验检测报告发出后，样品（主要指验余样品和留存样品）的保存期/留存期不得少于检验检测报告投诉反馈时间，即如客户没有特别声明，或相关标准规范没有特别规定时，一般样品（主要指能够做到在规定保存条件下和规定保存期限内保存有重现性的验余样品和留存样品）的保存期/留存期为完成检验检测报告后 15 d，到期后即可处理/处置。如遇特殊情况(如检验检测中发现有异常的样品、对检验检测结果有疑问的样品、超标样品、客户有特殊要求的样品、稳定性较好的样品、能力验证和实验室比对样品、留样再测样品等),可适当延长保存期/留存期。如客户有特别声明(适当时,应在《委托检验检测合同》中明确对样品的处理方式)或相关标准规范有特别规定时,需按照客户要求或相关标准规范要求执行。

对无重现性的样品或无法保留/保存的样品(如微生物采集样品、气体采集样品、易腐蚀变质或挥发性样品、易氧化还原分解的样品等),不保留样品也不返还给客户(主要指验余样品和留存样品)。

如客户要求在检验检测完成后返还样品(主要指可以返还的验余样品和留存样品),应与客户在《委托检验检测合同》中注明,并在合同评审时明确对样品的处理方式。在留样期满后,由样品管理员通知客户凭《委托检验检测合同》办理退样手续,取回样品。

在检验检测完成后,对客户没有在合同中声明要求返还的到期样品(破坏性试验除外),应由样品管理员报技术负责人审批,联系客户将样品返还给客户;如确认客户不需要返还,则统一按照相关规定进行处理/处置。

对于含有有毒有害和危险物质(如重金属、有机废液和高浓度样品)或致病菌的样品,以及对环境或人身安全有影响的样品,需按照国家和地方危险废物管理有关规定要求进行处理。

要求监护处理的样品,样品管理员必须按照规定办法监护处理,防止污染环境和造成危害。若客户提供了样品处理说明书,样品管理员应依据客户所提供的说明书对样品进行处理。

项目拓展实训

1. 了解样品管理员的岗位职责,熟悉样品标识、接收、处置、保存/等候、存储、保留、处理或返还等过程的管理要求,按照实验室《样品编号规则》对样品进行编号和贴标签。

2. 按照要求整理样品库,检查样品库样品和环境条件控制情况,对过期样品提出处理/处置意见(方案)。

项目十

实验室信息管理、文件管理和档案管理

学习目标

(1)熟悉实验室计算机管理要求。

(2)熟悉实验室信息管理系统(LIMS 系统)的作用和管理要求。

(3)掌握实验室文件、记录和档案管理要求。

任务一　实验室信息管理

一、实验室计算机管理要求

从广义上来说,实验室设备包括检验检测活动所必需并影响结果的计算机和软件等。因此,对实验室计算机和软件的管理应按照实验室设备管理要求进行。

实验室存放电子文件的设备如计算机或服务器应尽可能专机专用,并由专人管理,设立管理密码,定期对存储设备和存储环境进行检查,保证其稳定性。当需要对存储设备中的电子文件进行取用时,应禁用外来的可读写存储介质和网络,采用一次性写入光盘等保证不含病毒的存储介质。

任何部门和个人,未经批准,不得擅自安装、拆卸或改变计算机设备。任何部门和个人不得使用计算机作授权使用范围以外的工作,不得将有关工作站上的系统软件、应用软件转录,传递到实验室以外。

计算机上必须使用合法正版软件,维护知识产权。用于检验检测的计算机不得安装未经许可的应用软件。禁止未经许可在检验检测用计算机上使用 U 盘或移动硬盘。

计算机及其自动设备软件,应保证在相对干燥、常温、无尘、无强大磁场干扰、无辐射、防静电和相对安静等条件下运行。

检验检测人员在工作前后应检查计算机状况是否正常、软件运行是否正常。如有异常现象应停止工作,汇报技术负责人,并采取必要措施。出现工作异常的计算机,需经设备管理员验证无误后方可继续使用。

计算机使用人应按设备维护保养计划对计算机和软件进行维护，保证计算机和软件功能正常、有效运行，提供保护检验检测数据完整性、满足开展检验检测工作所必需的环境和运行条件。设备管理员可用完好标识或绿色合格标识表明计算机状态。

实验室使用计算机和自动化设备对检验检测数据采集、处理、记录、报告、存储和检索时，必须确保：

(1)用于存储数据的计算机需指定专人使用，并设置开机密码、用户密码、修改密码等，以防止密码泄露或改动，无关人员未经许可不得使用。

(2)任何人不得擅自修改计算机内的程序和数据。

(3)经授权使用存储数据的人员，要确保数据及时更新。

采用计算机辅助技术形成的电子文件及其支持软件均应及时归档保存，一般包括：图像文件、图形文件、影像文件、声音文件、多媒体文件、数据文件、文本文件、计算机程序(命令文件)等。其中，自行开发的软件和程序等信息化产品的电子档案必须有配套的纸质文件，如软件开发任务书、需求分析说明、系统分析报告、鉴定证书或验收说明、软件测试报告、软件修改记录、软件说明及签署更改等文件。

二、实验室信息管理系统

(一)实验室信息管理系统的定义

实验室信息管理系统(Laboratory Information Management System，LIMS)，是基于计算机局域网，专门针对一个实验室的整体环境而设计，包含了信号采集设备、数据通信软件、数据库管理软件在内的高效集成系统，是一个集现代化管理思想，基于计算机的高速数据处理技术、海量数据存储技术、宽带传输网络技术、自动化仪器分析技术于一体，以实验室业务和管理工作为核心，遵循实验室管理国际规范，可实现对实验室全方位科学、统一、有序和高效管理的计算机管理系统。它以实验室为中心，将实验室的业务流程、环境、人员、仪器设备、标准物质、化学试剂、标准方法、图书资料、文件记录、科研管理、项目管理、客户管理等影响分析数据的因素有机结合起来，采用先进的计算机网络技术、数据库技术和标准化的实验室管理思想，组成一个全面、规范的管理体系，可为实现分析数据网上调度、分析数据自动采集、快速分布、信息共享、分析报告无纸化、质量保证体系顺利实施、成本严格控制、人员量化考核、实验室管理水平整体提高等方面提供技术支持。同时它也是连接实验室、质管部门及客户的信息平台。引入先进的数理统计技术(如方差分析、相关和回归分析、显著性检验、质量控制图等)后，还可协助职能部门发现和控制影响质量的关键因素。

实验室信息管理系统(LIMS)的基本功能包括：业务流程管理、各类资源管理、质量管理、行政管理以及各类客户需要个性化定义的功能。

(二)实验室信息管理系统的作用

实验室信息管理系统的作用以下几方面：

(1)提高样品检验检测效率。检验检测人员可以随时在 LIMS 上查询自己所需的信息；分析结果输入 LIMS 后，可自动汇总生成最终的分析报告。

(2)提高分析结果可靠性。通过LIMS,检验检测人员可以及时了解与样品相关的信息;系统自检报错功能可以降低出错的概率。另外,LIMS提供的自动数据上传功能、特定的计算和自检功能消除了人为出错因素,保证分析结果的可靠性。

(3)提高对复杂问题的分析处理能力。LIMS将整个实验室的各类资源有机地整合在一起,工作人员可以方便地对实验室曾经做过的全部分析样品和结果进行查询。因此,通过对LIMS存储的历史数据进行检错,有可能得到一些对实际问题处理有价值的信息。

(4)协调实验室各类资源。管理人员可以通过LIMS平台,实时了解实验室内各台设备和人员的工作状态、不同岗位待检样品数量等信息,进而及时协调有关方面的力量化解分析流程出现的瓶颈环节,缩短样品检验检测周期;调节实验室不同部门富余资源,最大限度地减少资源的浪费。

(5)实现量化管理。LIMS可以提供对整个实验室各种信息的统计分析,得到诸如设备使用率、维修率、不同岗位人员工作量、出错率、委托样品检验检测项目分布特点、实验室全年各类任务的时间分布状态、试剂或经费的消耗规律等信息。通过LIMS,管理层能定量地评估实验室各个环节的工作状态,较好地实现实验室工作的全面量化管理。

(三)实验室信息管理系统的管理

实验室信息管理系统的管理包括计算机化和非计算机化系统中的数据和信息的管理。使用计算机和自动化设备对检验检测数据采集、处理、记录、报告、存储和检索时,实验室必须对信息管理系统进行有效管理,确保维护计算机和自动设备功能正常,并提供保护检验检测数据完整性所必需的环境和运行条件。

如果实验室对通用商业软件进行了配置或调整,或者自行开发了计算机软件,应制订足够详细的规范,并对其符合性和适用性进行完整确认,重点对系统中的数据审核路径、数据和结果的安全性和完整性等内容进行确认,并有相应的计划或措施保证此类确认定期进行(可将系统的核查纳入年度内审计划中)。对实验室信息管理系统的任何变更,包括修改实验室软件配置或现成的商业化软件,都应在实施前经批准、形成文件并进行确认。如:对相关硬件或软件的定期再确认;对相关硬件或软件改变后的再确认;需要时,对软件升级等。所有确认记录应保留。

使用和维护实验室信息管理系统时,应确保该系统具有以下几方面功能:

(1)可防止未经授权的访问。

(2)有安全保护措施防止数据篡改和丢失。

(3)在符合系统供应商或实验室规定的环境中运行;对于非计算机化的系统,提供保护人工记录和转录准确性的条件。

(4)以确保数据和信息完整性的方式进行维护。

(5)具有记录系统失效和适当的紧急措施及纠正的措施。

实验室应确保系统优先采用设备自动采集的方式录入数据和结果。对于系统无法直接采集的数据和结果,应完整保存纸质或其他电子介质记录,这类记录可通过附件上传或文件链接等方式保存在系统中,实现系统对这类记录的追溯。对系统的任何变更,包括改进和维护升级,均应在实施前经授权或批准。系统备份可采用双机热备份或云存储,有条件时可采取异地备份的保护措施，充分保证系统中的数据和结果不会丢失或损坏。

当实验室信息管理系统在异地或由外部供应商进行管理、改进和维护时，实验室应确保系统的供应商或运营商符合所有适用要求，确保可以获得先前产生的记录。

实验室还应确保员工易于获取与实验室信息管理系统相关的操作说明书、操作手册和参考数据。

对实验室信息管理系统的管理策划、建设、运行、维护、退役等管理要求，具体可参考RB/T 028—2020《实验室信息管理系统管理规范》、RB/T 029—2020《检测实验室信息管理系统建设指南》。

任务二　实验室文件管理

一、实验室管理体系文件的修改/修订

除特殊情况外，在使用过程中的实验室管理体系文件的修改/修订应由原审批责任人进行审核、批准。当原审批责任人不在职时，由接替其岗位的人员进行审核、批准。

实验室管理体系文件应由涉及的有关部门根据具体工作情况提出修改申请，填写《文件修改记录表》；审批责任人应根据所依据的有关背景资料进行审批，并填写《文件修改记录表》。修改/修订的文件应尽快发布。

对管理体系文件修改/修订要在文件修订页上做修改记录，明示已修订的章、节/条款以及批准日期/实施日期等。相应章节修改后，应同时修改文件的修订次数和实施日期，但版本号不做更改。修订页附在文件目录前，应与文件同等管理。

实验室不允许在文件重新发布前手写修改/修订文件。

对保存在计算机系统内的文件进行修改/修订，均须填写《文件修改记录表》，经原职责人员进行审核、批准后，方可进行修改/修订。

当管理体系文件编写的主要依据换版或有重大变化，实验室管理评审人员认为需要对管理体系文件作重大修订，管理体系文件一个版次的修订超过 10 次或一次有 1/3 以上内容需修订，影响使用效果、实验室组织机构发生重大变化，影响体系正常运行、最高管理者更换（如声明同意原版文件除外）、实验室质量方针和质量目标发生重大变化等，应对管理体系文件进行换版。

实验室管理体系文件的一、二层次文件换版后若对三、四层次文件产生影响，则三、四层次文件同步更新换版；若三、四层次文件不涉及一、二层次文件修改的内容，则不必进行换版操作。

二、文件的标识/编号

实验室制订的管理体系文件应有唯一性标识/编号，应包含发布日期/实施日期和/或修订标识、页码、总页数或表示文件结束的标记和发布机构等。

实验室各相关人员依据分工负责文件的编写，由档案管理员负责统一对文件进行标识/编号。

实验室管理体系文件的标识/编号规则举例如下：

质量手册：LAB-QM －＊.＊

程序文件：LAB－PF－＋＋＋－ －＊.＊

检验检测细则：LAB－SOP－JC－＋＋＋ －＊.＊

抽样细则：LAB－SOP－CY－＋＋＋ －＊.＊

设备操作维护细则：LAB－SOP－设备编号－＊.＊

设备使用说明书：LAB－SM－设备编号

规章制度类：LAB－ZD－＋＋＋ －＊.＊

技术记录表格编号：LAB－RF－＋＋＋ －＊.＊

质量记录表格（含设备检定计划、内部审核计划等各类计划和除检验检测报告外的其他报告类，如不确定度报告、管理评审报告、方法验证报告等）编号：LAB－QM－＋＋＋ －＊.＊

记录归档（档案）编号：YMD－＋＋＋

其中：LAB 代表实验室；QM 代表质量手册；PF 代表程序文件；＊.＊代表"版次.修订次数"；OP 代表作业指导书；RF 代表技术记录；QR 代表质量记录；＋＋＋代表序列号，用阿拉伯数字从 001 开始序列编制。版次和修订次数用阿拉伯数字从 1 开始序列编制。Y 表示年号；M 表示月份；D 表示日期（其中年号为 4 位数，月份和日期为 2 位数）。文件中还需包括页码/档案页码和启用日期。

三、文件发放、保存、回收处置

实验室管理体系文件分"受控本"和"非受控本"两种。

"受控本"的发放对象为最高管理者、技术负责人、质量负责人，以及经过最高管理者/质量负责人同意准予发放的部门或个人。

"非受控本"则对外提供给上级行政部门和资质认定/实验室认可机构、外部评审组、协作单位及客户等参阅、交流（资质认定/实验室认可发证部门等进行现场审核时需提供受控版本）。

受控本（纸质文件）须有受控标识。受控标识不同于唯一性编号，一般为"受控"字样＋受控号（发放编号）。唯一性编号用于区分不同的文件；受控号用于表明同一文件的不同去处，如张三是 01，李四是 02。

实验室所使用的文件都需经过批准，有唯一性编号和受控标识。没有受控标识的文件不得使用。

外来文件，含环境质量标准、污染排放标准、基础标准、技术规范、方法标准（含修改单）等均应受控管理。纳入受控管理的外来标准规范文本应为正式发行的现行有效版本，非正式的网上发布稿不能作为受控文件进行管理。

外来文件可以使用该文件的原编号/代码作为其管理编号，不再另行对其编号，但发放使用时也必须标注受控标识。

实验室不对非受控状态管理体系文件的内容进行跟踪修改。

《质量手册》的发放范围由最高管理者批准，其他文件的发放范围由质量负责人批准。新发布或修改或换版的管理体系文件应以适当的方式宣贯/传达给相关人员，使其能够获取、理解和执行。新进人员上岗培训必须包括对管理体系文件的学习，并对培训效果进行评价。

档案管理员负责编制和制订"受控文件清单一览表"(表 10-1)，负责管理体系文件及其修改/修订后文件的发放和保存，负责建立修订页记录、发放记录及保存记录。文件修改/修订后要及时更新"受控文件清单一览表"。

表 10-1 受控文件清单一览表

序号	文件名称	文件编号	版本/修订次数	备注

档案管理员负责收回替换/更换下来的受控文件旧页或版本。新版本文件发布执行后，应及时从所有使用或发布处撤除无效或作废文件，或用其他方法保证防止误用。替换/更换下来的旧版文件和旧页，应标注"作废"字样或者加盖"作废"章，保存一份(标注"留存")，其余做销毁处理。

出于法律或知识保存等目的而保留的其他作废文件，也应有适当的标记。

采用电子介质方式时(电子介质可以是数字存储设施，如光盘、硬盘、服务器、云存储等，或者是模拟设备如磁带、录像带或磁带机等)，电子文件管理应纳入实验室管理体系。电子文件亦需明确受控范围、发布、标识、修改/修订、变更和废止、归档等要求，有效保证电子文件的安全和保密，并便于查询使用。采用电子文件发布方式时应保存审批证据，包括文件的编制、审核、批准人签署和修改情况记录。存放电子文件的设备如电脑或服务器尽可能专用，并由专人管理，同时设立管理密码，建立防病毒措施；定期对存储设备和存储环境进行检查，保证其稳定性；当需要对存储设备中的电子文件进行取用时，禁用外来的可读写存储介质和网络，而采用一次性写入光盘等保证不含病毒的存储介质。

在对实验室有效运作起重要作用的所有使用地点/作业场所，都应确保相应文件为现行有效的版本。

文件持有者应妥善保管文件，不准擅自拍照和复印，不得对文件进行折叠、剪贴、抽取、拆散，严禁在文件上勾画、涂抹、填注、加字、改字，不得随意损坏、丢失，或者以其他方式损毁文件。未经最高管理者批准，文件不得擅自转借给其他单位和个人。

实验室工作人员调离时必须交回本人持有的文件后方可办理有关手续。

四、文件的借阅和保密

实验室内部人员因工作需要借阅普通文件，只需在档案管理员处登记即可；借阅重要文件及保密性文件，需要最高管理者审批。

借阅人应负责所借阅文件的安全和保密，及时归还所借文件，不得将借阅文件带出实验室，不得擅自转借，不准擅自拍照和复印，不得对文件进行折叠、剪贴、抽取、拆散，严禁在文件上勾画、涂抹、填注、加字、改字，或者以其他方式损毁文件，确保文件的整洁和完整。

所有文件未经最高管理者批准不得外借。如特殊情况下需外借，一般以数字副本代替原件形式提供，原件原则上不得带出实验室。

五、文件的核查/查新和评审

档案管理员在每年初编制“外来文件查新记录表”（表 10-2），交由质量负责人批准。核查内容和核查周期根据实验室的日常管理情况和在用文件变化情况等确定。根据核查计划，由质量负责人牵头，技术负责人、档案管理员和相关人员对法律法规、标准方法、评审文件、规范性文件等外来文件的受控状态和有效性进行检查核查、跟踪查新并记录，以确保在用文件受控和现行有效。

表 10-2　外来文件查新记录表

文件类型：◎采样标准　◎检测标准　◎评价标准　◎其他标准　◎CMA 评审文件
◎CNAS 评审文件　◎相关法律法规　◎其他

序号	文件名称	文件编号	查新渠道/查新网址	查询结果	
				是否更新	更新情况说明

核查人：　　　　核查日期：　　　　审核人：　　　　审核日期：

注：查新渠道/查新网址至少使用两个。文件有更新时，在更新情况说明栏内填写：更新后的文件名称、编号和发布/实施时间等内容。

质量负责人组织相关人员针对实验室管理体系文件进行定期评审，至少在每年管理评审前对文件的适用性、充分性、有效性和可操作性等进行一次全面的评审。质量负责人按照评审发现的问题，组织相关人员对实验室管理体系文件进行修订，以确保持续适用和满足使用的要求。

任务三　实验室记录和档案管理

一、实验室记录管理

(一)记录的填写、保存和修改

(1)在质量管理活动和技术活动中，对所发生的事件或观察结果进行及时的记录，应选择相应的记录格式。结果、数据应在产生时予以及时记录，不允许漏记、补记、追记及转抄。

(2)记录填写必须按照做有痕、追有踪、查有据的总体要求完成。记录填写应如实记录，不得失真，严禁虚假伪造；应完整准确，信息充分，内容详细，不得遗漏；方案表达应准确简明，相关的数据和信息均能有据可查、溯源无误；记录书写时应字迹工整清晰，排列有序，密度适中，并保留适当的行距，为更改留有一定的余地；与检验检测相关的记录和计算，最好附有计算公式；用笔要考虑其字迹的持久性和可靠性，如无特殊要求，应用黑色钢笔或水笔书写，不得使用铅笔或字迹可被抹掉的笔书写，一般不准用红色笔迹书写，尤其是签名；记录表格中的每一项内容都要填写完整，不能漏项，在不需要填写的空白栏目内可使用斜线“/”代之，或标注“以下空白”等；记录上必须有记录人的签名和日期，有审核、批准要求的应有相应授权审核人、批准人的签名和日期；记录的填写人、审核人均应由本人签名，不得代签，签字人应对记录负责；签名时要注意写全名，不能仅写一个姓或写某主任、某经理、某先生、某小姐等；填写日期时要写全年、月、日，例如日期为2021年2月1日，可写为：2021年2月1日、2021/2/1、2021.2.1等。应注意记录载体的适用性和安全性，避免雨水、潮湿、喷溅等环境因素的损坏。

(3)检验检测人员应根据检验检测任务进行抽样和检验检测，并按照特定的任务和项目分类识别和选择相应的原始记录单，避免产生混淆。实时的观察、数据计算、数据传输和核查等记录均应附有时间的信息及人员的标识。记录的详细程度应确保在尽可能接近条件的情况下能够重复检验检测活动。

(4)原始记录应与作业指导书和标准、规范的要求相适应，填写记录的顺序应与检验检测活动的流程相吻合，记录的详细程度应确保在尽可能接近条件的情况下能够重复检验检测活动。原始记录信息可包括受控的记录格式编号、页码标识、现场情况、检验检测项目、样品信息、前处理和分析测试设备、标准物质、方法依据、分析条件、计算公式、测试数据和结果等，以及每项检验检测活动的人员和审核人员签名或等效标识。检验检测过程如有异常情况，应详细记录在原始记录上。原始记录一律使用法定计量单位(客户有特殊要求除外)。当弃用检验检测数据时，应在原始记录上记录原因(符合相关技术要求时除外)。记录的观测值和检验检测数值的有效位数的修约应按 GB/T 8170—2008《数值修约规则与极限数值的表示和判定》处理。原始记录应为检验检测人员在技术活动过程中记录的原始观察数据和信息，而不是检验检测后誊抄的数据。当需要另行整理或誊抄时，应保留对应的原始记录。不能随意用一页白纸来保存原始记录。

(5)技术记录，无论是电子记录还是纸面记录，应包含样品描述和标识、抽样分析的过程和方法、检验检测过程的原始观察记录以及根据观察结果进行的计算、原始数据、导出数据、使用的设备和标准物质的信息(包括使用客户的设备)、环境条件(特别是实验室以外的地点实施的检验检测活动，如现场检测与抽样)、实施检验检测活动的地点，以及负责现场检测与抽样的人员、检测分析人员、结果校核人员的签字和日期等其他重要的信息，并全程确保样品与检验检测报告的对应性，以便在需要时，识别不确定度的影响因素，通过查阅记录可以追溯、复现检验检测过程。

(6)以电子形式存储的数据和记录，也应由质量负责人或其指定的专人负责保存，采取措施进行保护和必要的备份，例如保存为只读形式的文件，由专人掌握修改密码，保留每次修改的记录，防止未经授权的侵入、丢失、失效或更改，保证可追溯和可读取，确保其安全完整和与其对应的纸质版本的一致性。

(7)由设备直接输出的数据和谱图记录，应以纸质或电子介质的形式完整保存。当设备输出数据打印在热敏纸或光敏纸等保存时间较短的介质上时，应同时保存记录的复印件或扫描件。所有设备打印的图谱以及复印件或扫描件均应表明样品标识及样品的测试时间，并有检验检测人员的签名或等效标识。

(8)原始数据的更改应由原记录填写人员进行。当记录出现错误需要修改时，不可擦涂，不准使用涂改液，也不能使用修正纸等，以免字迹模糊或消失，每一处错误均应采用杠改方式，且保证修改前的记录能够辨认，并将修改后的内容填写在杠改处。对记录的所有改动应有修改人的签名/盖章或等效标识，且需要能做到有效识别和区分(采用等效标识时应备案留存)，并标明修改日期(对检验检测结果的修改只能在检验检测过程中进行，可以不标明修改日期；对文字和计算结果等的修改可在检验检测结束后进行，要标明修改时间)。

(9)实验室及最高管理者对实验室出具的检验检测数据的真实性和准确性负责，检验检测人员、审核与授权签字人分别对原始检验检测数据、检验检测报告的真实性终身负责。

(二)记录的收集和传递

检验检测委托书、样品送检流转单、原始记录等应按照检验检测流程传递，在传递过程中应保证所有记录的完整和保密。档案管理员负责检验检测报告副本、检验检测委托书、原始记录、样品送检/流转记录单、客户确认书等的收集、归档和管理。

涉及部门质量活动的记录应由各部门负责人负责收集传递，如合同评审记录、采购申请验收记录、设备期间核查和维护记录等。涉及整个管理体系的质量活动记录应由质量负责人负责收集传递，如管理评审报告、内部审核记录、文件控制记录、质量控制记录、质量监督记录、实验室间比对和能力验证记录、投诉处理记录、不符合工作控制记录、分包方评审记录、供应商评价记录、纠正措施记录以及人员培训记录等。以上记录需及时或定期(一般一年一次)全部移交给档案管理员归档和管理。

日常使用的技术记录和质量记录(包括设备、试剂、标准物质、易耗品采购验收和使用管理记录、样品管理记录、环境条件监控记录等),由各程序相关人员负责日常保管,及时或定期(一般一年一次)全部移交给档案管理员归档和管理,记录/档案移交归档记录表,如表10-3所示。

表10-3 记录/档案移交归档登记表

序号	记录/档案名称	记录/档案编号	移交数量	移交人	移交日期	归档人	归档日期	备注

二、实验室档案管理

(一)文件与档案的关系

档案是国家机构、社会组织和个人在社会活动中形成的,作为历史记录保存起来以备考察的文字、图像、声音及其他各种方式和载体的文件。

办理完毕的文件才能成为档案——文件是档案的前身,档案是文件的归宿。

具有一定考察利用价值的文件才能成为档案——文件是档案的基础,档案是文件的精华。

按照一定规律保存起来的文件才能成为档案——文件是档案的因素,档案是文件的组合。

(二)实验室档案管理

实验室档案材料是指在实验室建设、管理、分析检验、技术改造、新产品试验以及对外服务等活动中形成的具有保存价值的管理性文件、工作过程性文件和技术性文件,实验室应将档案材料按性质、内容、特点、相互之间的联系和差异进行分类,具体类别应根据实验室的规模、任务量、工作水准等情况确定。

实验室档案管理包括收集、整理、登记、分类、编号、存档等工作。实验室应设专人负责档案管理工作。实验室档案管理员必须熟悉档案管理的基本知识,工作严谨求实,努力维护档案材料的完整、准确、系统与完全。

记录经收集传递(包括临时性保管)和汇总整理后,最终应根据相关程序要求和实际情况及时/定期移交给档案管理员进行整理、立卷、归档和管理。质量负责人和档案管理员有责任检查和督促相关人员按照实验室相关程序要求和实际情况及时/定期移交相关记录。最终移交给档案管理员归档的文件记录转为档案时必须要登记,并标注档案编号,方便检索。

在保证安全性、完整性和可追溯的前提下,可使用电子介质存储的报告和记录代替纸质文本存档。

采用计算机辅助技术形成的电子文件及其支持软件均应及时归档保存,一般包括:图像文件、图形文件、影像文件、声音文件、多媒体文件、数据文件、文本文件、计算机程序(命令文件)等。其中,自行开发的软件和程序等信息化产品的电子档案必须有配套的纸质文件,如软件开发任务书、需求分析说明、系统分析报告、鉴定证书或验收说明、软件测试报告、软件修改记录、软件说明及签署更改等文件。

实验室档案应完整、真实、清晰明了和可追溯,不允许随意编造、更改或者销毁;存放场所需适宜,注意采取防盗、防火、防潮、防水、防尘、防光、防鼠、防虫等安全保护和保密等措施,防止损坏、变质和丢失等。档案要有明确标识,便于存取。

实验室应定期检查档案保管状态,调试档案室温度、湿度,及时对破损或者变质的档案进行修复。应加强对不同门类、各种形式和载体档案的管理,确保能方便获得所有的原始记录和数据。

环境监测领域档案的分类、著录、标引,依照 HJ/T7—1994《中国档案分类法　环境保护档案分类表》,HJ9—2022《生态环境档案著录细则》,HJ8.2—2020《生态环境档案管理规范　生态环境监测》和《环境保护档案管理办法》等规范性文件的有关规定执行,其相应的电子文件材料应当按照有关要求同步归档。文书材料的整理归档,依照 DA/T 22—2015《归档文件整理规则》的有关规定执行。照片资料的整理归档,依照 GB/T 11821—2002《照片档案管理规范》的有关规定执行。录音、录像资料的整理归档,依照录音、录像管理的有关规定执行。科技文件的整理归档,依照 GB/T 11822—2008《科学技术档案案卷构成的一般要求》的有关规定执行。电子文件的整理归档,依照 GB/T 18894—2016《电子文件归档与电子档案管理规范》、GB/T 17678.1—1999《CAD 电子文件光盘存储、归档与档案管理要求》等文件的有关规定执行。重要电子文件应当与纸质文件材料一并归档。

(三)实验室建档材料的要求

(1)建档材料要具有完整性、准确性和系统性。首先做好材料的收集、整理和筛选,然后按科学的方法进行分类归档,并根据需要合理地确定建档材料的保存期限。保密文件应单独建档,同时写明保密级别。

(2)建档材料要符合标准化、规范化的要求,建档的文件材料一般情况下应为原件,并要做到质地优良、格式统一、书写工整、装订整洁,不能用铅笔、圆珠笔书写。

(3)建档手续要完备,建立必要的档案材料审查手续和档案管理移交手续。

(4)建档材料要适合计算机管理,便于录入、统计、检索、打印和传输等。

（四）档案的借阅

实验室进行档案管理的目的是为了使文档更有效、更科学地为实验室运行和发展服务，因此档案应当是可借阅的。不过，实验室很多文档是按密级和类别控制管理的，这些文件的借阅必须经过相应的审批程序。

实验室档案归档后一般不能借阅。实验室人员因特殊原因需要借阅时，需填写“档案借阅登记表”（表 10-4）。借阅人应负责所借阅档案的安全和保密，不得擅自扩大利用范围，及时归还档案，并严防丢失泄密。借阅人不得将借阅档案带出实验室，不得擅自转借，不准擅自拍照和复印，不得对档案进行折叠、剪贴、抽取、拆散，严禁在档案上勾画、涂抹、填注、加字、改字，或者以其他方式损毁档案，须确保其整洁和完整。

所有档案未经批准不得外借。如特殊情况下需外借，一般以数字副本代替档案原件提供，档案原件原则上不得带出实验室。

表 10-4 文件/档案借阅登记表

序号	文件/档案名称	文件/档案编号	借阅人	批准人	借阅日期	归还日期	档案管理员	备注

（五）档案的保存期和处置

质量记录和技术记录保存期一般应不少于 6 年。人员技术档案或设备档案应随同人员工作期间或设备使用期限全程保留，在人员调离/离职（退休）或设备停用后，人员技术档案或设备档案应至少再保存 6 年。如果法律法规、其他专业领域资质认定/实验室认可文件或客户规定（此种情况需要在合同中清晰注明档案保存期限）档案需要更长的保存期，应按照其具体要求的保存期限执行（如生态环境监测文件材料归档范围和保管期限等，需按照 HJ8.2—2020《生态环境档案管理规范　生态环境监测》执行）。涉及国家秘密且尚未解密的、在科学研究方面具有长远利用价值的，以及法律、法规、规章已有相应规定的，应永久保存。

除相关法规另有规定外，当实验室承担的检验检测结果用于产品认证、行政许可等用途时，相关技术记录和检验检测报告副本的保存期不得少于相关产品认证、行政许可证书规定的有效期。

档案到保存期后可以销毁处理。档案管理员填写“档案处置记录表”，经过批准后可进行销毁。销毁档案时，最高管理者应指派质量负责人和档案管理员等人员共同进行现场监督，并在“档案处置记录表”上签字确认。档案销毁后，应当及时调整档案柜(架)，并在目录及检索工具中注明。未履行批准销毁手续的档案，严禁销毁。“档案处置记录表”应永久保存。

实验室应指定专人(如质量负责人)监督档案的保管、借阅和处置情况。

项目拓展实训

1. 分小组设计实验室某个质量管理表格，小组互相评价。
2. 模拟填写实验室某个质量管理记录，小组互相评价，对填写错误处进行规范修改。
3. 分小组收集、整理实验室的某类档案并进行归档。

项目十一
实验室安全管理和环境保护

学习目标

(1)了解实验室危险的种类,并掌握实验室防火、防爆、灭火常识。
(2)掌握化学毒物的分级及中毒急救方法。
(3)了解化学试剂和仪器设备的安全使用常识。
(4)掌握高压钢瓶的颜色、标志及安全使用常识。
(5)掌握危险化学品的分类及储存安全常识。
(6)掌握实验室环境保护工作内容和要求。

任务一　实验室安全管理

一、实验室安全常识

"安全第一、预防为主"是我国安全生产的重要方针,实验室工作者必须不断提高安全意识,掌握丰富的安全知识,严格遵守操作规程和规章制度,避免事故发生。如果预防措施可靠、发生事故后处理得当,就可以使事故损失降低到最低程度。

(一)实验室危险的种类

1. 火灾爆炸危险

实验室发生火灾危险带有普遍性,特别是化学实验室,经常使用易燃易爆物品,如高压气体钢瓶、低温液化气体、减压系统(真空干燥、蒸馏等),如果处理不当,操作失误,遇上高温、明火、撞击、容器破损或没有遵守安全管理要求,往往酿成火灾爆炸事故,轻则造成人身伤害、仪器设备破损,重则造成人员死亡、房屋破坏。

2. 有毒气体危险

在实验室中经常要用到煤气、各种有机溶剂,它们不仅易燃易爆而且有毒。在有些实验中化学反应会产生有毒气体,如不注意可能引起中毒。

3. 触电危险

实验离不开电气设备，不仅常用 220 V 的低压电，有时还要用几千乃至上万伏的高压电，实验人员如操作不当有可能发生触电事故，也可能由于使用非防爆电器产生电火花引起爆炸事故。

4. 机械伤害危险

实验室中经常用到玻璃器皿、割断玻璃管、胶塞打孔、用胶管连接玻璃管等操作。操作者疏忽大意或思想不集中造成皮肤与手指创伤、割伤等事故常有发生。

5. 放射性危险

从事放射性物质分析及 X 射线衍射分析的人员很可能受到放射性物质及 X 射线的伤害，必须认真防护，避免放射性物质侵入和危害人体。

（二）实验室防火、防爆与灭火常识

1. 防火常识

(1)实验室应备有灭火消防器材、急救箱和个人防护器材。实验室工作人员应熟悉这些器材的位置及使用方法。

(2)禁止用火焰检查可燃性气体（如煤气、氢气、乙炔气）泄漏的地方，应该用肥皂水检查其管道、阀门是否漏气。

(3)操作、倾倒易燃液体时，应该远离火源。加热易燃液体必须用水浴或密封电热板，严禁用火焰或电炉直接加热。

(4)使用酒精灯时，酒精切勿装满，应不超过其容量的 2/3。灯内酒精不足 1/4 容量时，应灭灯后添加酒精。燃烧的酒精灯焰应用灯帽盖灭，不可用嘴吹灭，以防止引燃灯内酒精。

(5)蒸馏可燃性液体时，操作人员不能离开去做别的事情，要监测仪器和冷凝器是否正常运行。需要往蒸馏器内补充液体时，应先停止加热，冷却后再进行。

(6)易燃液体的废液应设置专门容器收集，不得倒入下水道。

(7)不能在木质可燃台面上使用较大功率的电器，如电炉、电热板等，也不能长时间使用煤气灯与酒精灯。

(8)同时使用多台较大功率的电器（如马弗炉、烘箱、电炉、电热板等）时，要注意线路和电闸可承受的功率。最好将较大功率的电热设备分流安装于不同电路上。

(9)可燃性气体的高压钢瓶，应安放在实验楼外专门建造的气瓶室内。

(10)身上、手上、台面、地上沾有易燃液体时，不得靠近火源，同时应立即清理干净。

(11)实验室对易燃物品应限量、分类、低温存放，远离火源。表 11-1 列举了常见的易燃混合物。

2. 防爆常识

(1)禁止把地线接在煤气管道上。

(2)加热含有高氯酸或高氯酸盐的溶液，应防止蒸干和引进有机物，以免产生爆炸。

(3)易发生爆炸的操作不得对着人进行，必要时操作人员应戴保护面罩或使用防护挡板。

(4)进行易燃易爆实验时，应有两人以上在场，万一出了事故可以相互照应。

表 11-1 常见易燃混合物

主要物质	互相作用的物质	产生结果
浓硝酸、硫酸	松节油、乙醇	燃烧
过氧化氢	乙酸、甲醇、丙酮	燃烧
溴	磷、锌粉、镁粉	燃烧
高氯酸钾	乙醇、有机物	燃烧
氯酸盐	硫、磷、铝粉、镁粉	燃烧
高锰酸钾	硫磺、甘油、有机物	燃烧
硝酸铵	锌粉和少量水	燃烧

(5)有些化学品在外界的作用下(如受热、受压、撞击等)能发生剧烈化学反应,瞬时产生大量的气体和热量,使周围压力急剧上升发生爆炸。爆炸往往会造成重大的危害,因此在使用易爆炸物品(如苦味酸等)时要千万小心。有些化学试剂单独存放或使用时比较稳定,但若与其他试剂混合时就会成为易爆品,十分危险。如乙醚、异丙醚、四氢呋喃及其他醚类吸收空气中氧形成不稳定的过氧化物,受热、震动或摩擦时会产生极猛烈的爆炸。银氨络合物长期静置或加热时产生氮化银,这种化合物即使在湿润状态也会发生爆炸。表 11-2 列举了常见的易爆混合物。

表 11-2 常见的易爆混合物

主要物质	互相作用的物质	产生结果
硝酸盐	酯类、乙酸钠、氯化亚铁	爆炸
过氧化物	镁粉、锌粉、铝粉	爆炸
钾、钠	水	燃烧、爆炸
赤磷	含氧酸盐、二氧化铅	爆炸
黄磷	空气、氧化剂、强酸	爆炸
乙炔	银、铜、汞(Ⅱ)化合物	爆炸

有些气体本身属易燃品,若再与空气或氧气混合,遇明火就会爆炸,变得更加危险,存放与使用时要格外小心。表 11-3 中列出了多种气体在空气中的爆炸极限(燃烧极限)。

当可燃性气体、可燃液体的蒸气与空气混合达到一定的浓度范围时,遇到火源就会发生爆炸。这个遇到火源就能够发生爆炸的浓度范围称爆炸极限,通常用可燃气体、蒸气在空气中的百分比(%)来表示。如果可燃气体、蒸气在空气中的浓度低于爆炸下限,遇到明火既不会爆炸也不会燃烧,如高于爆炸上限,遇明火虽不会爆炸但能燃烧。

3. 灭火常识

一旦发生火情,实验室人员应临危不惧,冷静沉着,及时采取灭火措施,防止火势扩展。如立即切断电源,关闭气体阀门,移走可燃物,用湿布或石棉布覆盖火源灭火。若火势较猛,应根据具体情况选用适当的灭火器进行灭火,并立即与有关部门联系请求救援。衣服着火时不可慌张乱跑,应立即用湿布或石棉布灭火;如果燃烧面积较大,可躺在地上打滚灭火。

火源(火灾)的分类及可使用的灭火器见表 11-4。

表 11-3　可燃气体、蒸气与空气混合时的爆炸极限(燃烧极限,体积分数)

物质名称及分子式		爆炸下限	爆炸上限	物质名称及分子式		爆炸下限	爆炸上限	物质名称及分子式		爆炸下限	爆炸上限
氢	H_2	4.1	75	丁酮	C_4H_8O	1.8	9.5	糠醛	$C_5H_4O_2$	2.1	—
一氧化碳	CO	12.5	75	氯甲烷	CH_3Cl	8.3	18.7	甲基乙基醚	C_3H_8O	2.0	10.0
硫化氢	H_2S	4.3	45.4	氯丁烷	C_4H_3Cl	1.9	10.1	二乙醚	$C_4H_{10}O$	1.9	36.5
甲烷	CH_4	5.0	15.0	乙酸	C_2H_4O	5.4	—	溴甲烷	CH_3Br	13.5	14.5
乙烷	C_2H_6	3.2	12.5	甲酸甲酯	$C_2H_2O_2$	5.1	22.7	溴乙烷	C_2H_5Br	6.8	11.3
庚烷	C_7H_{16}	1.1	6.7	乙酸乙酯	$C_2H_5O_2$	2.2	11.4	己胺	C_2H_7N	3.6	13.2
乙烯	C_2H_4	2.8	28.6	乙酸丁酯	$C_6H_{12}O_2$	1.4	7.6	二甲胺	C_2H_8N	2.8	14.4
丙烯	C_3H_6	2.0	11.1	吡啶	C_5H_5N	1.8	12.4	水煤气		6.7	69.5
乙炔	C_2H_2	2.5	80.0	氨	NH_3	15.5	27	高炉煤气		40～50	60～70
苯	C_6H_6	1.4	7.6	松节油	$C_{10}H_{15}$	0.80	—	半水煤气		8.1	70.5
甲苯	C_7H_8	1.3	6.8	甲醇	CH_4O	6.7	36.5	焦炉煤气		6.0	30.0
环己烷	C_6H_{12}	1.3	7.8	乙醇	C_2H_6O	3.3	19	发生炉煤气		20.3	73.7
丙酮	C_3H_6O	2.6	12.8								

表 11-4　火源(火灾)的分类及可使用的灭火器

分类	燃烧物质	可使用的灭火器	注意事项
A 类	木材、纸张、棉花	水、酸碱灭火器和泡沫灭火器	
B 类	可燃性液体如石油化工产品、食品油脂	泡沫灭火器、二氧化碳灭火器、干粉灭火器、“1211”灭火器	
C 类	可燃性气体如煤气、石油液化气	干粉灭火器、“1211”灭火器	用水、酸碱灭火器、泡沫灭火器均无作用
D 类	可燃性金属如钾、钠、钙、镁等	干砂土、7150 灭火剂	禁止用水及酸碱灭火器、泡沫灭火器。二氧化碳灭火器、干粉灭火器、“1211”灭火器均无效

注:①氯化碳、“1211”(CF_2ClBr)均属卤代烷灭火剂,遇高温时可形成剧毒的光气,使用时要注意防毒。但它们有绝缘性能好、灭火后在燃烧物上不留痕迹、不损坏仪器设备等特点,适用于扑灭精密仪器、贵重图书资料和电线等火情。

②7150 灭火剂主要成分是三甲氧基硼氧六环,受热分解,吸收大量的热,并在可燃物表面形成氧化硼保护膜,隔绝空气,使火熄灭。

实验室内的灭火器材要定期检查和更换药液。灭火器的喷嘴应保持畅通,如遇堵塞应用铁丝疏通,以免使用时造成爆炸事故。

(三)化学毒物的中毒与救治方法

1. 化学毒物的分级

某些侵入人体的化学物质引起局部损害或整个机体功能障碍,称为中毒。根据毒物的半致死剂量(或半致死浓度)、急性与慢性中毒的状况与后果、致癌性、工作场所最高允许浓度等指标全面权衡，我国将常见的 56 种毒物的危害程度分为四级。表 11-5 列出了毒物危害程度分级依据，表 11-6 列出了具体毒物危害程度级别。

表 11-5　毒物危害程度分级依据

项目		分级			
		Ⅰ(极度危害)	Ⅱ(高度危害)	Ⅲ(中度危害)	Ⅳ(轻度危害)
急性毒性	吸入 LC_{50}[①]/(mg/L)	＜200	200～	2 000～	＞20 000
	经皮 LD_{50}[②]/(mg/m^3)	＜100	100～	500～	＞2 500
	经口 LD_{50}[②]/(mg/m^3)	＜25	25～	500～	＞5 000
急性中毒发病情况		生产中易发生中毒，后果严重	生产中可发生中毒，预后良好	偶可发生中毒	迄今未见急性中毒，但有急性影响
慢性情况中毒患病		患病率高(≥20%)	患病率较高(＜5%)或者症状发生率高(≥20%)	偶有中毒病例发生或者症状发生率高(≥10%)	无慢性中毒而有慢性影响
慢性中毒后果		脱离接触后继续进展或不能治愈	脱离接触后可基本治愈	脱离接触后可恢复，不致严重后果	脱离接触后自行恢复，无不良后果
致癌性		人体致癌物	可疑人体致癌物	实验动物致癌物	无致癌性
最高容许浓度/(mg/m^3)		＜0.1	0.1～	1.0～	＞10

注：①LC_{50} 为半致死浓度。②LD_{50} 为半数致死剂量。

表 11-6　毒物危害程度级别

级别	毒物名称
Ⅰ(极度危害)	汞及其化合物、笨、砷及其无机化合物(非致癌的除外)、氯乙烯、铬酸盐与重铬酸盐，黄磷、铍及其化合物、对硫磷、羟基镍、八氟异丁烯、氯甲醚、锰及其无机化合物、氰化物
Ⅱ(高度危害)	三硝基甲苯、铅及其化合物、二硫化碳、氯、丙烯腈、四氯化碳、硫化氢、甲醛、苯胺、氟化氢、五氯酚及其钠盐、铬及其化合物、敌百虫、钒及其化合物、溴甲烷、硫酸二甲酯、金属镍、甲苯二异氰酸酯、环氧氯丙烷、砷化氢、敌敌畏、光气、氯丁二烯、一氧化碳、硝基苯
Ⅲ(中度危害)	苯乙烯、甲醇、硝酸、硫酸、盐酸甲苯、三甲苯、三氯乙烯、二甲基甲酰胺、六氟丙烯、苯酚、氮氧化物
Ⅳ(轻度危害)	溶剂汽油、丙酮、氢氧化钠、四氟乙烯、氨

2. 常见毒物的中毒症状和急救方法

实验人员须了解毒性物质特性、侵入途径、中毒症状和急救方法，可以减少化学毒物引起的中毒事故。一旦发生中毒事故时，能采取正确的自救措施，力求在毒物被身体吸收之前实现抢救，使毒物对人体的损伤减至最小。表 11-7 中列出了常见毒物进入人体的途径、中毒症状和救治方法。

表 11-7　常见毒物进入人体的途径、中毒症状和救治方法

毒物名称及入体途径	中毒症状	救治方法
氰化物或氢氰酸；呼吸道、皮肤	轻者刺激黏膜、喉头痉挛、瞳孔放大，重者呼吸不规则、逐渐昏迷、血压下降、口腔出血	立即移出毒区，脱去衣服，进行人工呼吸。可吸入含5%二氧化碳的氧气，立即送医院
氢氟酸或氟化物；呼吸道、皮肤	接触氢氟酸气可出现皮肤发痒、疼痛、湿疹和各种皮炎。主要作用于骨骼，深入皮下组织及血管时可引起化脓溃疡。吸入氢氟酸气后，气管黏膜受刺激可引起支气管炎症	皮肤被灼伤时，先用水冲洗。再用5%小苏打液洗，最后用甘油-氧化镁（2：1）糊剂涂敷，或用冰冷的硫酸镁液洗，也可涂可得松油膏
硝酸、盐酸、硫酸及氮的氧化物；皮肤、呼吸道	三酸对皮肤和黏膜有刺激和腐蚀作用，能引起牙齿酸蚀病，一定数量的酸落到皮肤上即发生烧伤，且有强烈的疼痛。当吸入氧化氮时，强烈发作后可以有2～12 h的暂时好转，继而更加恶化，虚弱者咳嗽更加严重	吸入新鲜空气。皮肤灼伤时立即用大量水冲洗，或用稀苏打水冲洗。如有水泡出现，可涂红汞或紫药水。眼、鼻、咽喉受蒸汽刺激时，也可用温水或2%苏打水冲洗和含漱
砷及砷化物；呼吸道、消化道、皮肤、黏膜	急性中毒有胃肠型和神经型两种症状。大剂量中毒时，30～60 min即觉口内有金属味，口、咽和食道内有烧灼感、恶心呕吐、剧烈腹痛。呕吐物初呈米汤样，后带血。全身衰竭、剧烈头痛、口渴与腹泻，大便初期为米汤样，后带血。皮肤苍白、面绀，血压降低，脉弱而快，体温下降，最后死于心力衰竭。 吸入大量砷化物蒸汽时，产生头痛、痉挛、意识丧失、昏迷、呼吸和血管运动中枢麻痹等神经症状	吸入砷化物蒸汽的中毒者必须立即离开现场，使其吸入含5%二氧化碳的氧气或新鲜空气。鼻咽部损害用1%可卡因涂局部，含碘片或用1%～2%苏打水含漱或灌洗。皮肤受损害时涂氧化锌或硼酸软膏，有浅表溃疡者应定期换药，防止化脓。专用解毒药（100份密度为1.43的硫酸铁溶液，加入300份冷水，再用20份烧过的氧化镁和300份冷水制成的溶液稀释）用汤匙每5 min灌一次，直至停止呕吐
汞及汞盐；呼吸道、消化道、皮肤	急性：严重口腔炎、口有金属味、恶心呕吐、腹痛、腹泻、大便血水样，患者常有虚脱、惊厥症状。尿中有蛋白和血细胞，严重时尿少或无尿，最后因尿毒症死亡。 慢性：损害消化系统和神经系统。口有金属味，牙龈及口唇处有硫化汞的黑淋巴结及唾腺肿大等症状。神经症状有嗜睡、头疼、记忆力减退、手指和舌头出现轻微震颤等	急性中毒早期是用饱和碳酸氢钠液洗胃，或立即给饮浓茶、牛奶、吃生蛋白和蓖麻油。立即送医院救治
铅及铅化合物；呼吸道、消化道	急性：口腔内有甜金属味、口腔炎、食道和腹腔疼痛、呕吐、流眼泪、便秘等。 慢性：贫血、肢体麻痹瘫痪及各种精神症状	急性中毒时用硫酸钠或硫酸镁灌肠，送医院治疗

续表 11-7

毒物名称及入体途径	中毒症状	救治方法
三氯甲烷(氯仿);呼吸道	长期接触可发生消化障碍、精神不安和失眠等症状	重症中毒患者需呼吸新鲜空气,向面部喷冷水,按摩四肢,进行人工呼吸。包裹身体保暖并送医院救治
苯及其同系物;呼吸道、皮肤	急性:沉醉状、惊悸、面色苍白、继而赤红、头晕、头痛、呕吐。 慢性:以造血器官与神经系统的损害为最显著	给急性中毒患者进行人工呼吸,同时输氧。送医院救治
四氯化碳;呼吸道、皮肤	皮肤接触:因脱脂而干燥破裂	2%碳酸氢钠或1%硼酸溶液冲洗皮肤
	吸入:黏膜刺激,中枢神经系统抑制和胃肠道刺激症状	脱离中毒现场急救,人工呼吸、吸氧
	慢性:神经衰弱症,损害肝、肾	
铬酸、重铬酸钾等铬(Ⅵ)化合物;消化道、皮肤	对黏膜有剧烈刺激,产生炎症和溃疡,可能致癌	用5%硫代硫酸钠溶液清洗受污染皮肤
石油烃类(饱和和不饱和烃);呼吸道、皮肤	汽油对皮肤有脂溶性和刺激性,使皮肤干燥、龟裂,个别人起红斑、水泡	温水清洗
	吸入高浓度汽油蒸汽,会出现头痛、头晕、心悸、神志不清等症状	移至新鲜空气处、重症可给予吸氧
	石油烃能引起呼吸、造血、神经系统慢性中毒症状	医生治疗
	某些润滑油和石油残渣长期刺激皮肤可能引起皮癌	

(四)化学烧伤与玻璃割伤的预防和救治

1. 预防化学烧伤与玻璃割伤常识

(1)腐蚀性刺激化学试剂,如强酸、强碱、浓氨水、氯化氧磷、浓过氧化氢、氢氟酸、冰乙酸和溴水等,在取用时尽可能戴上橡皮手套和防护眼镜等;如体积或重量较大,搬运时必须一手托住瓶底,一手拿住瓶颈。

(2)开启大瓶液体化学试剂时,必须用锯子将封口石膏锯开,禁止用其他物品敲打,以免瓶子被打碎。装酸或其他腐蚀性液体的坛子、大瓶应用手推车搬运,严禁人员背、扛搬运。移出危险性液体要用特制的虹吸管,并佩戴防护镜、橡皮手套和围裙进行操作。

(3)稀释硫酸时必须在耐热容器中进行,并且在不断搅拌下慢慢地将浓硫酸加入水中。绝对不能将水加注到浓硫酸中,这样做会集中产生大量的热,使酸液溅射,危害人员安全。

在溶解氢氧化钠、氢氧化钾等发热物质时，也必须在耐热容器中进行。

(4)取下正在沸腾的水或溶液时，须用烧杯夹夹住摇动后取下，以防突然剧烈沸腾溅出溶液伤人。

(5)往玻璃管上套橡皮管或将玻璃管插进橡皮塞孔时，必须选择直径匹配的玻璃管；将玻璃管端面烧滑，用水或甘油润湿管壁及塞内孔，并用布裹住手操作，以防玻璃管破碎时割伤手部。把玻璃管插入塞孔时，必须握住塞子的侧面，不能把它撑在手掌上。

(6)装配或拆卸玻璃仪器装备时要小心进行，以防玻璃仪器破损割伤手。

2. 化学烧伤的急救和治疗

常见化学烧伤的急救和治疗方法见表 11-8。

表 11-8　常见化学烧伤的急救和治疗方法

化学试剂种类	急救或治疗方法
碱类：氢氧化钠(钾)、氨、氧化钙、碳酸钾	立即用大量水冲洗，然后用 2%乙酸溶液冲洗，或撒硼酸粉，或用 2%硼酸水溶液洗。如为氧化钙灼伤，可用植物油涂敷伤处
碱金属氰化物、氢氰酸	先用高锰酸钾溶液冲洗，再用硫化铵溶液冲洗
溴	用 1 体积 25%氨水＋1 体积松节油＋10 体积 95%乙醇的混合液处理
氢氟酸	先用大量冷水冲洗直至伤口表面发红，然后用 5%碳酸氢钠溶液洗，再以甘油与氧化镁(2∶1)悬浮液涂抹，再用消毒纱布包扎；或用 0.1%氯化苄烷铵水或冰镇乙醇溶液浸泡
铬酸	先用大量水冲洗，再用硫化铵稀溶液漂洗剂冲洗
黄磷	立即用 1%硫酸铜溶液洗净残余的磷，再用 0.01%高锰酸钾溶液湿敷，外涂保护剂，用绷带包扎
苯酚	先用大量水冲洗，然后用(4＋1)70%乙醇-氯化镁(lmol/L)混合溶液洗
硝酸银	先用水冲洗，再用 5%碳酸氢钠溶液漂洗，涂油膏及磺胺粉
酸类：硫酸、盐酸、硝酸、乙酸、甲酸、草酸、苦味酸	先用大量水冲洗，然后用 5%碳酸钠溶液冲洗
硫酸二甲酯	不能涂油，不能包扎，应暴露伤处让其挥发

(五)安全用电

实验室中经常使用各种仪器仪表，若使用不当容易引发触电或火灾事故。因此，安全用电必须予以高度重视。

1. 防触电

触电是人体接触带电体，电流以很快的速度通过人体的过程。当微弱电流通过身体时就会引起人体触电，当电压超过安全电压时则可能导致人员死亡。安全电压是指不会引起生命危险的电压。安全电压不是绝对的，根据人、地和环境条件不同而不同。各国关于安全电压的规定也不完全相同。例如，我国规定为 36 V，美国规定为 40 V，法国规定安全交流电压为 24 V，安全直流电压为 50 V。必须注意的是：即使在安全电压范围内，如果周围环境条件发生变化，安全电压也可能变为危险电压，导致触电事故的发生。

预防触电应做到以下几点：

(1)不能用潮湿的手接触电器。

(2)所有电源的裸露部分都应有绝缘装置，电器外壳应接地。

(3)已损坏的接头、插座、插头或绝缘不良的电线应及时更换。

(4)维修或安装电器设备时必须先切断电源。

(5)如遇人触电应切断电源后再进行救治。

2. 防静电

静电是由不同物质的接触、分离或相互摩擦而产生的。在实验过程中，仪器设备、操作过程、操作人员等因素都会导致静电的产生，静电如果得不到有效控制就可能酿成事故。因此在实验室工作中要注意分析静电产生的原因、认识静电的危害并制订有效的防御措施。

静电的危害主要体现在以下几方面：

(1)危及大型精密仪器的安全。现代化仪器中会大量使用高性能电子元件，很多元件对静电放电敏感，容易造成器件损坏。

(2)静电电击危害。静电电击和触电电击不同，触电电击是指触及带电物体时电流持续通过人体造成伤害，静电电击能量较小，一般不会引起生命危险，但放电时会引起人摔倒、电子仪器失灵，放电的火花还可能引起易燃混合气体的燃烧爆炸，从而导致人员伤亡和财产损失。因此，在有汽油、苯、氢气等易燃物质的场所，要特别注意防止静电危害。

减少静电的产生、设法导走和防止静电放电，是防止静电危害的主要途径。可采取以下措施：

(1)室内不要使用塑料地板、地毯或其他绝缘性好的地面材料，可以铺设防静电地板。

(2)在易燃易爆场所，应穿由导电纤维材料制成的防静电工作服、防静电鞋，戴防静电手套，不要穿化纤类织物、胶鞋及其他鞋底绝缘的鞋。

(3)高压带电体应有屏蔽措施，以防人体感应产生静电。

(4)进入实验室前，应徒手接触金属接地棒，以消除人体从外界带来的静电，坐着工作的场合必要时可戴接地腕带。

(5)保持环境空气中的相对湿度高于65％，便于静电逸散。

3. 防电起火

电起火的主要原因是：①电线老化；②照明灯具表面温度高，长时间接触易燃物后引发火灾；③电焊机产生火花或焊渣掉落在易燃物上引发火灾等。

防止电起火的措施有以下几方面：

(1)保险丝型号与实验室允许的电流量必须相配。

(2)负荷大的电器应接较粗的电线。

(3)生锈的仪器或接触不良处应及时处理，以免产生电火花。

(4)如遇电线走火，切勿用水或导电的酸碱灭火器、泡沫灭火器灭火，应立即切断电源，用沙或干粉灭火器灭火。

二、化学试剂的安全使用

为保证化学试剂的质量和确保使用安全，实验室人员应注意以下几个方面：

(1)要熟知常用试剂的理化性质。如：酸碱的浓度，试剂的溶解性、挥发性、沸点、毒性及其他重要化学性质。

(2)保护好试剂瓶标签。万一标签脱落应照原样贴牢；分装或配制试剂后应立即贴上标签；没有标签的试剂在未查明前不可使用，必须经鉴定确证后方可使用。

(3)取用试剂时瓶塞不能随意放置，取用后应立即盖好以防试剂被其他物质玷污或发生变质。

(4)取用试剂时，要使用清洁干燥的小勺和量器；取用强碱试剂后的小勺应立即洗净以免被腐蚀。

(5)不要将吸量管伸入原瓶试剂中吸取液体；取出的试剂不可倒回原瓶；打开易挥发的试剂瓶塞时瓶口不能对着脸部；取用能释放有毒、有味气体的试剂后应用蜡封口。

(6)在分析工作中，试剂的浓度及用量应按要求使用，过浓或过多不仅造成浪费，而且还可能引发副反应，甚至得不到正确的结果。

(7)使用有毒试剂的实验必须在通风橱中完成，并采取必要的防护措施。实验结束后要及时洗手、洗脸、洗澡、更换工作服，同时要保持实验室环境卫生。反应剩余物只能倾倒在指定的废物缸中，由专管人员进行处理。

(8)使用易燃易爆化学试剂时，实验人员应采取必要的防护措施，最好戴上防护眼镜，实验应在通风橱中进行；实验过程中禁止震动、撞击，如有试剂散落，应及时处理干净。

三、常用仪器设备的安全使用

(一)玻璃器皿的安全使用

实验室中经常使用各种玻璃器皿。由于玻璃质地脆弱、导热和导电性能差，在使用过程中容易破碎，造成割伤或试剂泄漏而引发感染、中毒、起火、爆炸等事故。使用玻璃器皿应该注意以下几点：

(1)在容易引起玻璃器皿破裂的操作中，如减压处理、加热容器等，要戴上安全眼镜。

(2)不要使用有缺口或裂缝的玻璃器皿。

(3)持取大的试剂瓶时，应一只手握住瓶颈，另一只手托住底部。

(4)若实验需在高温高压下进行，应选择耐高温高压的玻璃器皿。

(二)常用仪器的安全使用

常用仪器的安全使用，既包括使用仪器时人员的安全，也包括要确保仪器的安全。遵照规范使用仪器是安全使用的前提条件。

1. 分析天平

分析天平是定量分析工作中不可缺少的重要仪器。充分了解仪器性能及熟练掌握其使用方法，是获得可靠分析结果的保证。分析天平的种类很多，有普通分析天平、半自动/全自动加码电光投影阻尼分析天平及电子分析天平等，在使用中应注意：

(1)使用分析天平时除应遵循托盘天平有关操作规则外，还应注意在添加砝码、取放称样或其他原因接触天平时应先把天平梁托住，否则易使刀口损坏，这是使用天平规则中最重要的一条。

(2)每次称量时，应将天平门关好。

(3)加砝码后开启天平时，指针摆幅应控制在2～4格。

(4)被称样品视其性质放在洁净干燥的称量瓶或表面皿中称量；称量瓶不得用手拿，要用滤纸条夹取。

(5)称量结束，要检查天平梁是否托好，砝码是否齐全，有无药品撒落到天平内，天平门是否关紧，布罩是否罩好等。

(6)天平使用一段时期后要送计量部门进行检定和调修。天平的全面清洁工作每年应进行两次。

电子分析天平在使用时还应注意：

(1)天平应放置在牢固平稳水泥台或木台上，室内要求清洁、干燥及较恒定的温度，同时应避免光线直接照射到天平上。

(2)称量时应从侧门取放物质，前门仅在检修或清除残留物质时使用。

(3)若长时间不使用，应定时通电预热，每周一次，每次预热2 h，以确保仪器始终处于良好使用状态。

(4)天平箱内应放置吸潮剂(如硅胶)，当吸潮剂吸水变色后应立即高温烘烤更换，以确保吸湿性能。

(5)挥发性、腐蚀性、强酸强碱类物质应盛于带盖称量瓶内称量，防止腐蚀天平。

2. 分光光度计

分光光度计是实验室常见的分析测试仪器，其在使用过程中应注意以下几点：

(1)光源切换时如果光源选择不正确，或光源切换杆不到位，将直接影响仪器的稳定性(特殊测试要求除外)。

(2)仪器在制造厂原包装条件下，应储存在环境温度为5～35 ℃、湿度不超过85%的室内，且在空气中不应有足以引起腐蚀的有害物质。

(3)仪器的额定电压为(220±22)V、频率为(50±1)Hz，供电电压不正常会使仪器无法正常工作。

(4)仪器应安装在坚固平稳的工作台上，无强烈的震动或持续震动。

(5)远离高强度磁场、电场及会产生高频波的设备，避免强风的直接吹袭，避免光的直接照射。

(6)仪器供电电源应有良好的接地(最好具有独立的地线)。

(7)仪器在出厂之前已经调试到最佳状态，所以用户不能擅自调整，更不能擅自打开机壳拆卸其中的零件(更换光源灯除外)，尤其是拆卸单色器，不能碰伤或擦拭光学原件镜面。仪器自用户购买日起，在正常的保管、运输和使用下，一年内发生因制造不良而不能正常工作时厂方负责免费修理(不包括易损易耗件如氘灯、钨灯)，擅自打开机壳进行修理、拆卸则不在“三包”之列。如有故障急需自修，应在厂方技术人员同意、指导下，请具有相应资质的专业人员进行检查、调整和维修。

3. 原子吸收分光光度计

原子吸收分光光度计在使用时应注意如下事项：

(1)原子化系统的维护。原子吸收分析的样品常具有腐蚀性，为保证原子化器的经久耐用、性能良好，使用者应定期维护原子化器。

(2)气路系统的维护。火焰的燃气与助燃气供气系统由流量计、空压机或空气钢瓶、笑气钢瓶、燃气钢瓶或发生装置、管道等构成。对气路系统应进行的维护保养工作包括：

①定期检查管道、阀门、接头等各部分是否漏气，有漏气处应及时修复或更改。

②经常检查空压机回路中是否有存水，如有存水要及时排除。

③对储水器及分水过滤器中的积水要经常排放，避免积水过多将水分带入流量计。

(3)紧急情况的处理，包括：

①突然停电。遇此情况应迅速关闭燃气，然后关闭仪器总电源，将各部分控制机构恢复到仪器停机状态，待通电后再按仪器操作规程重新开启。

②突然停水。进行石墨炉分析时遇此情况应迅速切断主电源，以免高温烧坏石墨炉。

③火焰颜色不对并骚动很大。这是由于燃气有严重污染所致，用乙炔气瓶提供乙炔燃气时，瓶内燃气将要用尽、压力过低，会致使容器瓶内溶解乙炔气体的丙酮进入火焰。遇此情况应立即关闭燃气，属于气瓶燃气不纯的情况需更换新气瓶后再点火测定。

④操作时嗅到乙炔或石油气的气味。这是燃烧器管道或气路系统某接头处漏气，应立即关闭燃气，检查漏气，并将漏气处密封后再操作。

⑤数字表或外部设备显示突然波动。这类情况的产生，多数原因是电器系统中个别原件损坏、某处导线或接点断路或短路、高压控制失灵等。若电网电压有很大变动也有可能引起显示波动。发现上述情况应立即关闭电源，等查明原因排除故障后再开机。

4. 气相色谱仪

气相色谱仪在石油、化工、生物化学、医药卫生、食品工业、环保等方面应用很广。它除用于定量和定性分析外，还能测定样品在固定相上的分配系数、活度系数、相对分子质量和比表面积等物理化学常数。其在使用时应注意：

(1)气相色谱仪由专人负责管理和操作。使用气相色谱仪应遵守实验室操作规程。

(2)使用前需认真学习设备的原理、基本操作和注意事项，了解设备的性能、构造，熟悉操作规程后方可进行独立操作。

(3)运行中出现异常应立即告知管理人员。严禁擅自拆卸、调整设备主要部件。

(4)如果柱子较脏，则不接检测器。不用的进样口要用堵头堵上以免污染。

(5)关机前要执行关机程序，同时关闭氢气。为了延长过滤器寿命，不要关闭载气气路。

(6)设备使用后应认真填写实验记录，人员离开前必须检查操作的设备及整个实验室的门、窗和不用的水、电、气路等，并确保关好。

(7)根据仪器要求进行及时或定期的保养、维护，如检查并更换气体供给、进行泄漏检查、气体净化器的更换和进样器的维护等，确保仪器正常运转。

(8)液化石油气钢瓶或采样罐在做完色谱分析后应带离实验室。

(9)仪器设备在使用过程中要有人值班,防止各类事故发生。

(10)与实验无关的易燃、易爆物品不得随意带入实验室。

5. 烘箱

烘箱是利用电热丝(管)加热使物体干燥的设备。它适用于比室温高 10～300 ℃的烘焙、干燥、热处理等。烘箱的型号很多,但基本结构相似,一般由箱体、电热系统和自动控温系统三部分组成。使用时应注意以下几方面:

(1)用于植物杀青时温度不能超过 105 ℃,烘干温度不要超过 80 ℃。

(2)样品放置不要太拥挤,要保证上下空气自然流通,最下层加热板上不得放置样品,禁止烘焙易燃、易爆、易挥发及有腐蚀性的物品。

(3)样品不能与烘箱温度传感器接触,更不能挤压传感器,否则将导致控温失灵造成火灾。

(4)烘箱在升温过程中使用者不能离开,应随时观察温度变化。当温度达到所需的温度时,应注意观察指示灯是否在恒温状态,确认恒温后方可离开。使用时温度不要超过烘箱的最高使用温度。

(5)一旦遇到烘箱温度控制失灵的状况,特别是烘箱内冒烟时,应立即关掉电源(千万不能打开烘箱门),并报告实验室管理人员,等到温度降下来后再打开烘箱门清理箱内残物。

6. 马弗炉

马弗炉又称箱式电阻炉、高温马弗炉,是一种通用的加热设备,可分为箱式炉、管式炉和坩埚炉,主要用于样品灰化。使用时应注意以下几方面:

(1)马弗炉须放置在室内平整的工作台上,放置位置与电炉不宜太近,防止过热使电子元件不能正常工作;搬动温控器时,应将电源开关关闭,同时避免震动。

(2)第一次使用或长期停用后再次使用时,应先进行烘炉。温度在 200～600 ℃。时间约 4 h。

(3)使用时炉膛温度不得超过最高使用温度,也不要长时间在额定温度以上工作。

(4)禁止向炉膛直接灌注各种液体及熔解金属,经常保持炉膛内的清洁。

(5)取放样品时应先切断电源,样品应轻拿轻放,以保证安全和避免损坏。

(6)要定期检查电炉、温控器的导电系统各连接部分接触是否良好。发生问题应立即断电,由专业维修人员进行检修。

7. 离心机

目前实验室常用的离心机是电动离心机。电动离心机转动速度快,使用时要注意安全。特别要防止在离心机运转期间由于不平衡或吸垫老化而使离心机边工作边移动,从实验台上掉下来,或因盖子未盖严、离心管因振动破裂后玻璃碎片旋转飞出造成事故。因此在使用时必须注意以下几方面:

(1)启动离心机前,必须将其放置在平稳、坚固的地面或台面上,盖上离心机顶盖后,方可慢慢启动。

(2)不仅要保证静平衡,即对称的两管样品等重,还要保证动平衡。

(3)离心过程中如有噪声或机身振动现象,应立即切断电源及时排除故障。

(4)分离结束后应将调速旋钮逐档旋回至“0”档,待离心机自动停止转动后,方可打开顶盖取出样品，不可用外力强其停止运行。

(5)在使用高速离心机和低温离心机时，应严格按使用说明进行操作。

(三)高压钢瓶的安全使用

1. 气瓶与减压阀

气瓶是高压容器，瓶内装有高压气体，还要承受搬运、滚动等外界的作用力，因此质量要求严格、材料要求高，常用无缝合金或锰钢管制成的圆柱形容器。气瓶壁厚多 5～8 mm，容量 12～55 m^3。底部呈半球形，通常还装有钢制底座，便于竖放。气瓶顶部有启闭气门(即开关阀)，气门侧面接头(支管)上连接螺纹。用于可燃气体的应为左旋螺纹，非可燃气体的为右旋螺纹，杜绝把可燃气体压缩到盛有空气或氧气的钢瓶中去的可能性以及防止偶然把可燃气体的气瓶连接到有爆炸危险的装置上去的可能性。

各类气瓶容器必须符合相关规定。气瓶必须有制造钢印标记和检验钢印标记。制造钢印标记有气瓶制造单位代号、气瓶编号、工作压力(MPa)、实际重(kg)、实际容积(L)、瓶体设计壁厚(mm)、制造单位检验标记和制造年月、监督检验标记和寒冷地区使用气瓶标记。检验钢印标记有检验单位代号、检验日期、下次检验日期等。

由于气瓶内的压力一般很高，而使用所需压力往往较低，单靠启闭气门不能准确、稳定地调节气体的放出量。为了降低压力并保持稳定压力，需要加装减压器。不同工作气体有不同的减压器。不同的减压器外表涂以不同颜色加以标志，与各种气体的气瓶颜色标志一致。必须注意的是，用于氧的减压器可用于装氮或空气的气瓶上，而用于氮的减压器只有在充分洗除油脂之后才可用于氧气瓶上。

在装载减压器时必须注意防止支管接头上的丝扣滑牙，以免装旋不牢而漏气或被高压射出。卸下时要注意轻放，妥善保存，避免撞击、振动，不要放在有腐蚀性物质的地方，并防止灰尘落入减压表内以致阻塞失灵。

每次气瓶使用完后，先关闭气瓶气门，然后将调压螺杆旋松，放尽减压器内的气体。若不松开调压螺旋，则弹簧长期受压，将使减压器压力表失灵。

2. 气瓶内装气体的分类

(1)压缩气体。临界温度低于－10 ℃的气体经加高压压缩后，仍处于气态者称为压缩气体，如氧、氮、氢、空气、氦等气瓶的气体。这类气体钢瓶设计压力大于 12 mPa(125 kgf/cm^2)，称为高压气瓶。

(2)液化气体。临界温度≥－10 ℃的气体经高压压缩，转为液态并与其蒸气处于平衡状态者称为液化气体，如二氧化碳、氧化亚氮、氨、氯、硫化氢等。临界温度在－10～70 ℃者称为高压液化气体，如二氧化碳、氧化亚氮；临界温度高于 70 ℃且在 60 ℃时饱和蒸气压大于 0.1 MPa 的称为低压液化气体，如氨、氯、硫化氢等气体。

(3)溶解气体。单纯加高压压缩可能产生分解、爆炸等危险的气体，必须在加高压的同时，将其溶解于适当溶剂中，并由多孔性固体填充物吸收。在 15 ℃以下压力达 0.2 mPa 以上者称为溶解气体，如乙炔。按气体的化学性质可分为可燃气体(氢、乙炔、丙烷、石油气等)、助燃气体(氧、氧化亚氮等)、不燃气体(氮、二氧化碳等)、惰性气体(氦、氖、氩等)和剧毒气体(氟、氯等)。

3. 高压气瓶的颜色和标志

各种气体钢瓶的瓶身必须按规定漆上相应的标志色漆(表 11-9),并用规定颜色的色漆写上气瓶内容物的中文名称,画出横条标志。每个气瓶肩部都应有钢印标记,标明制造厂家、气瓶编号、设计压力、制造年月等。气瓶必须定期作抗压试验,由检验单位打上钢印。

表 11-9 高压气瓶的颜色和标志

气瓶名称	表面涂料颜色	字样	字样颜色	横条颜色
氧气瓶	天蓝	氧	黑	—
氢气瓶	深绿	氢	红	红
氮气瓶	黑	氮	黄	棕
氩气瓶	灰	氩	绿	—
压缩空气瓶	黑	压缩气体	白	—
石油气体瓶	灰	石油气体	红	—
硫化氢气瓶	白	硫化氢	红	红
二氧化硫气瓶	黑	二氧化硫	白	黄
二氧化碳气瓶	黑	二氧化碳	黄	—
光气瓶	草绿	光气	红	红
氨气瓶	黄	氨	黑	—
氯气瓶	草绿	氯	白	白
氦气瓶	棕	氦	白	—
氖气瓶	褐红	氖	白	—
丁烯气瓶	红	丁烯	黄	—
氧化亚氮气瓶	灰	氧化亚氮	黑	黑
环丙烷气瓶	橙黄	环丙烷	黑	—
乙烯气瓶	紫	乙烯	红	—
乙炔气瓶	白	乙炔	红	—
氟氯烷气瓶	铝白	氟氯烷	黑	—
其他可燃性气瓶	红	(气体名称)	白	—
其他非可燃性气瓶	黑	(气体名称)	黄	—

4. 几种压缩可燃气和助燃气的性质和安全处理

(1)乙炔。乙炔气瓶是将颗粒活性炭、木炭、石棉或硅藻土等多孔性物质填充在钢瓶内,再将丙酮掺入,通入乙炔气使之溶解于丙酮中,直至 15 ℃时压力达 1.52 mPa(15.5 kgf/cm^2)。

乙炔是极易燃烧、爆炸的气体,含有 7%～13%乙炔的乙炔-空气混合物和含有大约 30%乙炔的乙炔-氧气混合物最易爆炸。在未经净化的乙炔内可能含有少量的磷化氢,磷化氢的自燃点很低,气态磷化氢(pH 3)在 38 ℃时就会自燃,而液态磷化氢甚至不到 38 ℃就会自燃。因此,当乙炔中含有空气又有磷化氢存在时就可能构成乙炔-空气混合气的起火爆炸。乙炔和铜、银、汞等金属或盐接触,会生成乙炔铜(Cu_2C_2)和乙炔银(Ag_2C_2)等易爆炸物质。因此,凡供乙炔用的器材(管路或零件)都不能使用银或铜的合金。乙炔和氯、次氯酸盐等化合物相遇会发生燃烧和爆炸。因此,乙炔燃烧着火时绝对禁止使用四氯化碳灭火器。

乙炔气瓶应放在通风良好处，不能存放于实验室大楼，应存放于大楼外另建的储瓶室内，室温要低于 35 ℃。原子吸收法使用乙炔时要注意预防回火，管路上应装阻止回火器（阀）。在开启乙炔气瓶之前，要先供给燃烧器足够的空气，再供乙炔气。关气时应先关乙炔气，后关空气。当乙炔气瓶压力降至 0.3 mPa(3 kgf/cm^2)时，须停止使用，另换一瓶。

(2)氢气。氢气为易燃气体，密度小，易从微孔漏出，而且它的扩散速度快，易与其他气体混合。氢气和空气混合气的爆炸极限为空气中含氢量达 4.1%～7.5%（体积）。它的燃烧速度比碳氢化合物气体快，常温、常压下燃烧速度约为 2.7 m/s。检查氢气导管、阀门是否漏气时，必须采用肥皂水检查法，绝对不能以明火检查。存放氢气气瓶处要严禁烟火。

(3)氧化亚氮。氧化亚氮也称笑气，具有麻醉兴奋作用，因此使用时要特别注意通风。液态氧化亚氮在 20 ℃时的蒸气压约 5 MPa(50 kgf/cm^2)，氧化亚氮受热分解为氧和氮的混合物，是助燃性气体。使用原子吸收法进行高熔点或难熔盐化合物的元素测定时，需要氧化亚氮-乙炔火焰以获得较高的温度，在此过程中氧化亚氮分解为含氧 33.3%和含氮 66.7%的混合物，乙炔即借其中的氧燃烧。在氧化亚氮-乙炔火焰中发生的反应比一般火焰要复杂。燃烧时千万要注意防止从原子吸收分光光度计的喷雾室的排水阀吸入空气，否则会引起爆炸。

(4)氧气。氧气是强烈的助燃气体，纯氧在高温下尤其活泼。当温度不变而压力增加时，氧气可与油类物质发生剧烈的化学反应而引起发热自燃，产生爆炸。例如，工业矿物油与 3 MPa 以上气压的氧气接触就能发生自燃。因此，氧气瓶一定要严防同油脂接触，减压器及阀门绝对禁止使用油脂润滑。氧气瓶内绝对不能混入其他可燃性气体，或误用其他可燃气体气瓶来充灌氧气。氧气瓶一般是在 20 ℃、15 MPa 气压条件下充灌的。氧气气瓶的压力会随温度而增高，因此要禁止气瓶在强烈阳光下曝晒，以免瓶内压力过高而发生爆炸。

5. 气瓶安全使用常识

(1)气瓶要存放在通风、阴凉、干燥、隔绝明火、远离热源、防曝晒的房间，不得将钢瓶放在烈日下曝晒或靠近热源，以免引起钢瓶爆炸。房间要有专人管理，要有醒目的标志，如“乙炔危险，严禁烟火”等字样。氧气瓶和可燃性气瓶不能存放于同一室，室内存放钢瓶不宜过多，气瓶应可靠地固定在支架上。严禁乙炔气瓶、氢气瓶和氧气瓶、氯气瓶储放在一起或同车运送。

(2)使用气瓶时要直立固定放置、防止倾倒。

(3)搬运气瓶要用专用气瓶车，要轻拿轻放，防止摔掷、敲击、滚滑或剧烈震动。需要搬运的气瓶一定要在事前戴上气瓶安全帽，以防不慎摔断瓶嘴发生爆炸事故。钢瓶身上必须具有两个橡胶防震圈。乙炔瓶严禁横卧滚动。

(4)气瓶应进行耐压试验，并定期进行检查。充装一般气体的钢瓶每 3 年检验一次，充装腐蚀性气体的钢瓶每 2 年检验一次。在使用过程中如发现有严重腐蚀或损伤，应提前进行检验。

(5)气瓶的减压器要专用，安装时螺扣要上紧，应旋进 7 圈螺纹，不得漏气。开启高压气瓶时，操作者应站在气瓶口的侧面，动作要慢，以减少气流摩擦，防止产生静电。使用完毕后应首先关闭气瓶开关阀，放尽减压阀进出口的气体后再将调节螺杆松开。

(6)乙炔等可燃气瓶不得放置在橡胶等绝缘体上,以利静电释放。

(7)氧气瓶及其专用工具严禁与油类物质接触,操作人员也不应穿戴沾有各种油脂或油污的工作服和工作手套等,以免引起燃烧。

(8)氧气瓶、可燃性气瓶(如氢气瓶)与明火距离应不小于 10 m,不能达到时,应有可靠的隔热防护措施,距离不得小于 5 m。采暖期间气瓶与暖气片距离不小于 1 m。

(9)瓶内气体不得全部用尽,一般应保持 0.2～1 MPa 的余压,否则将导致空气或其他气体进入钢瓶,再次充气时将影响气体的纯度,甚至发生危险。

四、实验室危险化学品安全管理

(一)危险化学品的概念

1. 化学品

化学品是指天然的或人造的各类化学元素、化合物和混合物。目前世界上所发现的化学品已超过 1 000 万种,日常使用的有 700 余万种。随着科学技术的进步,每年有千余种化学品问世。化学品已成为人类生产和生活不可缺少的一部分。

化学品的生产和消费确实极大地改善了人们的生活,但是不少化学品因其固有的易燃、易爆、有毒、有害的危险特性也给人类生存带来了一定的威胁。

2. 危险化学品

危险化学品是指物质本身具有某种危险特性,当受到摩擦、撞击、震动、接触热源或火源、日光曝晒、遇水受潮、遇性质相抵触物品等外界条件的作用时,导致燃烧、爆炸、中毒、灼伤及污染环境事故发生的化学品。

(二)危险化学品的分类

根据 GB 6944—2012《危险货物分类和品名编号》,GB 12268—2012《危险货物品名表》,GB 13690—92《常用危险化学品的分类及标志》等,危险化学品可分为八大类,每一类又分为若干项。

1. 第一类　爆炸品

爆炸品指在外界作用下(如受热、摩擦、撞击等)能发生剧烈的化学反应,瞬间产生大量的气体和热量,使周围的压力急剧上升发生爆炸,对周围环境、设备、人员造成破坏和伤害的物品,爆炸品标志如图 11-1 所示。爆炸品在国家标准中分 5 项,其中有 3 项包含危险化学品,另外 2 项专指弹药等。

第 1 项:具有整体爆炸危险的物质和物品,如高氯酸。

第 2 项:具有燃烧危险和较小爆炸危险的物质和物品,如二亚硝基苯。

第 3 项:无重大危险的爆炸物质和物品,如四唑并-1-乙酸。

爆炸品具有以下特性:

(1)爆炸性强。爆炸品都具有化学不稳定性,在一定外因的作用下,能以极快的速度发生猛烈的化学反应,产生大量气体和热量,使周围的温度迅速升高并产生巨大的压力而引起爆炸。

(2)敏感度高。爆炸的难易程度取决于物质本身的敏感度,敏感度是确定爆炸品爆炸危险性的一个非常重要的标志。一般来讲敏感度越高的物质越易爆炸。在外界条件作用下,炸药受热、撞击、摩擦、遇明火或酸碱等因素的影响都易发生爆炸。

(3)具有毒性。有的爆炸品还有一定的毒性。例如,梯恩梯、硝化甘油、雷汞等都具有一定的毒性。

(4)与酸、碱、盐、金属发生反应。有些爆炸品与某些化学品如酸、碱、盐发生化学反应,反应的生成物是更容易爆炸的化学品。例如,苦味酸遇某些碳酸盐能反应生成更容易爆炸的苦味酸盐;苦味酸受铜、铁等金属撞击立即发生爆炸。

图 11-1　爆炸品标志

2. 第二类　压缩气体和液化气体

指压缩的、液化的或加压溶解的气体,并应符合下述两种情况之一者:

(1)临界温度低于 50 ℃时或在 50 ℃时,其蒸气压力大于 294 kPa 的压缩或液化气体。

(2)温度在 21.1 ℃时,气体的绝对压力大于 275 kPa;或在 54.4 ℃时气体的绝对压力大于 715 kPa 的压缩气体;或在 37.8 ℃时雷德蒸气压大于 275 kPa 的液化气体或加压溶解气体。

这类物品当受热、撞击或强烈震动时,容器内压力急剧增大,会致使容器破裂,物质泄漏、爆炸等,又分为 3 个小项。

第 1 项:易燃气体,标志见图 11-2。此类气体极易燃烧,与空气混合能形成爆炸性混合物。在常温常压下遇明火、高温即会发生燃烧或爆炸。如氨气、一氧化碳、甲烷等。

图 11-2　易燃气体、不燃气体、有毒气体标志

第 2 项:不燃气体,标志见图 11-2。不燃气体指无毒、不燃气体,包括助燃气体,如氮气、氧气等。多数不燃气体浓度高时有窒息作用。助燃气体有强烈的氧化作用,遇油脂能发生燃烧或爆炸。

第 3 项:有毒气体,标志见图 11-2。该类气体有毒,毒性指标与第六类毒害品的毒性指标相同。对人畜有强烈的毒害、窒息、灼伤、刺激作用,其中有些还具有易燃、氧化、腐蚀等性质。如氯(液化的)、氨(液化的)等。

压缩气体和液化气体特性如下:

(1)可压缩性。一定量的气体在温度不变时,所加的压力越大其体积会变得越小,若继续加压会压缩成液态。

(2)膨胀性。气体在光照或受热后温度升高,分子间的热运动加剧,体积增大。若在一定密闭容器内,气体受热的温度越高,其膨胀后形成的压力越大。一般压缩气体和液化气体都盛装在密闭的容器内,受高温、曝晒后,气体极易膨胀产生很大的压力,当压力超过容器的耐压强度时就会造成爆炸事故。

(3)易燃可燃气体与空气能形成爆炸性混合物,易燃液体标志见图 11-3,遇明火极易发生燃烧爆炸。

(4)除具有易燃性、毒性外,有些还有刺激性、致敏性、腐蚀性、窒息性等特性。

3. 第三类 易燃液体

本类物质在常温下易挥发,其蒸气与空气混合能形成爆炸性混合物,分为 3 项。

第 1 项:低闪点液体,即闪点低于 −18 ℃的液体,如乙醛、丙酮等。

第 2 项:中闪点液体,即闪点在 −18～23 ℃的液体,如苯、甲醇等。

第 3 项:高闪点液体,即闪点在 23 ℃及以上的液体,如环辛烷、氯苯、苯甲醚等。

图 11-3 易燃液体标志

易燃液体特性如下:

(1)易挥发性。易燃液体大部分属于沸点低、闪点低、挥发性强的物质。随着温度的升高,它们的蒸发速度加快,当蒸气在空气中达到一定浓度时遇火源极易发生燃烧爆炸。

(2)易流动扩散性。易燃液体具有流动性和扩散性,大部分黏度较小,易流动,有蔓延和扩大火灾的危险。

(3)受热膨胀性。易燃液体受热后体积膨胀,液体表面蒸气压同时随之增加,部分液体蒸发成蒸气。在密闭容器中储存时常常会出现鼓桶或挥发现象,如果体积急剧膨胀就会引起爆炸。

(4)带电性。大部分易燃液体为非极性物质,在管道、储罐、槽车、油船的输送、灌装、摇晃、搅拌和高速流动过程中,由于摩擦易产生静电;当所带的静电荷聚积到一定程度时,就会产生静电火花,有引起燃烧和爆炸的危险。

(5)毒害性。大多数易燃液体都有一定的毒性,对人体的内脏器官和系统有毒性作用。

4. 第四类 易燃固体、自燃物品和遇湿易燃物品

这类物品易于引起火灾,按它的燃烧特性分为 3 项。

第 1 项:易燃固体,标志见图 11-4。指燃点低,对热、撞击、摩擦敏感,易被外部火源点燃,迅速燃烧,能散发有毒烟雾或有毒气体的固体。如红磷、硫磺等。

第 2 项:自燃物品,标志见图 11-4。指自燃点低,在空气中易于发生氧化反应放出热量,

图 11-4　易燃固体、自燃物品、遇湿易燃物品标志

而自行燃烧的物品。如黄磷、三氯化钛等。

第 3 项：遇湿易燃物品，标志见图 11-4。指遇水或受潮时，发生剧烈反应，放出大量易燃气体和热量的物品，有的不需明火就能燃烧或爆炸，如金属钠、氰化钾等。

易燃固体的主要特性为：

(1)易燃性。易燃固体容易被氧化，受热易分解或升华，遇火种、热源常会引起强烈、连续的燃烧。

(2)可分散性与氧化性。固体具有可分散性，一般来讲，物质的颗粒越细，其表面积越大，分散性就越强。当易燃固体粒度小于 0.01 mm 时，可悬浮于空气中，这样能充分与空气中的氧接触发生氧化作用，燃烧也就越快，具有爆炸危险，如粉尘爆炸。另外，易燃固体与氧化剂接触也能发生剧烈反应而引起燃烧或爆炸。如赤磷与氯酸钾接触、硫黄粉与氯酸钾或过氧化钠接触，均易立即发生燃烧爆炸。

(3)热分解性。某些易燃固体受热后不熔融，而发生分解现象。有的受热后边熔融边分解。如硝酸铵在分解过程中往往放出 NH_3、NH_2 或 NO 等有毒气体。一般来说热分解的温度高低直接影响危险性的大小，受热分解温度越低的物质，其火灾爆炸危险性就越大。

(4)对撞击、摩擦的敏感性。易燃固体对摩擦、撞击、震动也很敏感。例如，赤磷、闪光粉等受摩擦、震动、撞击等也能起火燃烧甚至爆炸。

(5)毒害性。许多易燃固体有毒或燃烧产物有毒或有腐蚀性。如二硝基苯、二硝基苯酚、硫磺、五硫化二磷等。

自燃物品的主要特性有：

(1)极易氧化。自燃的发生是由于物质的自行发热和散热速度处于不平衡状态而使热量积蓄的结果。自燃物品多具有容易氧化、分解的性质，且燃点较低。在未发生自燃前，一般都经过缓慢的氧化过程，同时产生一定热量，当产生的热量越来越多，积热使温度达到该物质的自燃点时便会自发地着火燃烧。凡能促进氧化的一切因素均能促进自燃。空气、受热、受潮、氧化剂、强酸、金属粉末等能与自燃物品发生化学反应或对氧化反应有促进作用，它们都是促使自燃物品自燃的因素。

(2)易分解。某些自燃物质的化学性质很不稳定，在空气中会自行分解，积蓄的分解热也会引起自燃，如硝化纤维素、赛璐璐、硝化甘油等。

5. 第五类　氧化剂和有机过氧化物

这类物品具有强氧化性，易引起燃烧、爆炸。按其组成分为 2 项。

第 1 项：氧化剂，标志见图 11-5。指具有强氧化性，易分解放出氧和热量的物质，对热、震动和摩擦比较敏感。其本身不一定可燃，但能导致可燃物的燃烧；与松软的粉末状可燃物能组成爆炸性混合物，对热、震动或摩擦较为敏感。按其危险性大小，分为一级氧化剂和二级氧化剂，如氯酸铵、高锰酸钾等。

第 2 项：有机过氧化物，标志见图 11-5。指分子结构中含有过氧键的有机物，其本身易燃易爆、极易分解，对热、震动和摩擦极为敏感。如过氧化苯甲酰、过氧化甲乙酮等。

6. 第六类　毒害品

毒害品指进入人(动物)肌体后，累积达到一定的量能与体液和组织发生生物化学作用或生物物理作用，扰乱或破坏肌体的正常生理功能，引起暂时或持久性的病理改变，甚至危及生命的物品，如各种氰化物、砷化物、化学农药等，可分为毒害品、感染性物品 2 项。其中毒害品按其毒性大小又分为一级毒害品和二级毒害品。

图 11-5　氧化剂、有机过氧化物标志

图 11-6　有毒品、剧毒品标志

第 1 项：毒害品。具体指标如下：

经口：LD_{50}≤500 mg/kg(固体)，LD_{50}≤2 000 mg/kg(液体)

经皮：LD_{50}≤1 000 mg/kg(24 h 接触)

吸入：LC_{50}≤10 mg/L(粉尘、烟雾、蒸气)

根据毒性的强弱不同也可分为剧毒品、有毒品、有害品，有毒品，剧毒品标志见图 11-6。

第 2 项：感染性物品。本项化学品系指含有致病的微生物，能引起病态，甚至死亡的物质。

7. 第七类　放射性物品

指放射性比活度大于 7.4×10^{4} Bq/kg 的物品，按其放射性大小细分为一级放射性物品、二级放射性物品和三级放射性物品，放射性物品标志见图 11-7。放射性物品属于危险化学品，但不属于《危险化学品安全管理条例》的管理范围，国家另有专门的条例来管理。

8. 第八类　腐蚀品

指能灼伤人体组织并对金属等物品造成损伤的固体或液体，腐蚀品标志见图 11-8。判定标准为与皮肤接触在 4 h 内出现可见坏死现象，或温度在 55 ℃时对 20 号钢的表面均匀年腐蚀率超过 6.25 mm/年。这类物质按化学性质分为 3 项。

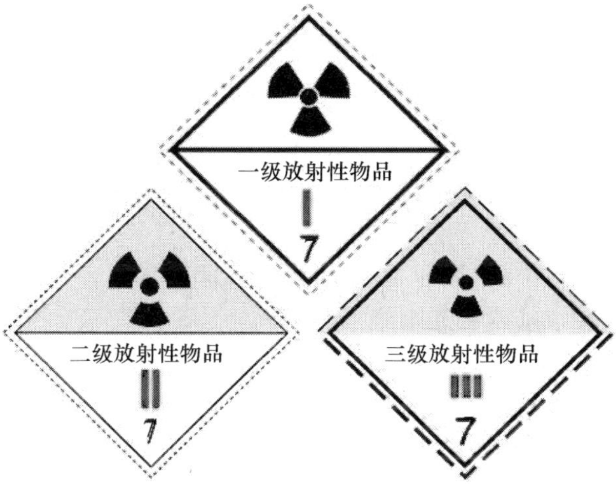

图 11-7 放射性物品标志

图 11-8 腐蚀品标志

第 1 项:酸性腐蚀品。如硫酸、硝酸、盐酸等。

第 2 项:碱性腐蚀品。如氢氧化钠、硫氢化钙等。

第 3 项:其他腐蚀品。如二氯乙醛、苯酚钠等。

腐蚀品的特性如下:

(1)强烈的腐蚀性。它与人体或设备、建筑物、构筑物、车辆、船舶的金属结构都易发生化学反应,而使之腐蚀并遭受破坏。

(2)氧化性。腐蚀性物质如浓硫酸、硝酸、氯磺酸、漂白粉等都是氧化性很强的物质,与还原剂接触易发生强烈的氧化还原反应,放出大量的热,容易引起燃烧。

(3)稀释放热性。多种腐蚀品遇水会放出大量的热,易燃液体四处飞溅会造成人体灼伤。

(三)储存危险化学品的基本要求

(1)未经批准不得随意设置危险化学品储存仓库。

(2)储存方式、方法与储存数量必须符合国家标准。

(3)剧毒化学品以及储存数量构成重大危险源的其他危险化学品,必须在专用仓库内单独存放,实行双人收发、双人保管制度。

(4)危险化学品专用仓库的储存设备和安全设施应当定期检测,应有明显的标志。同区域储存两种或两种以上的不同级别的危险品时,应按最高等级危险品的性能加以标志。

(5)储存单位须办理危险化学品登记。

(6)必须配备有专业知识的技术人员,仓库及场所应设专人管理,管理人员必须配备可靠的个人安全防护用品。

(7)露天堆放时应符合防火、防爆的安全要求,爆炸性物品、一级易燃物品、遇湿燃烧物品、剧毒物品不得露天堆放。

(8)不得与禁忌物料混合储存,灭火方法不同的危险化学品不能同库储存。

(9)储存区域内严禁吸烟和使用明火。

(10)应制订事故应急救援预案,配备应急救援人员和必要的应急救援器材、设备,并定期组织演练。

(11)储存的危险化学品必须有化学品安全技术说明书和化学品安全标签。

(12)危险化学品储存安排取决于危险化学品分类、分项、容器类型、储存方式和消防的要求。

(13)遇火、遇热、遇潮能引起燃烧、爆炸或发生化学反应产生有毒气体的危险化学品不得在露天或潮湿、积水的建筑物中储存。

(14)受日光照射能发生化学反应引起燃烧、爆炸、分解、化合,或能产生有毒气体的危险化学品,应储存在一级建筑物中,其包装应采取避光措施。

(15)爆炸性物品不准和其他类物品同储,必须单独隔离限量储存。

(16)压缩气体和液化气体必须与爆炸性物品、氧化剂、易燃物品、自燃物品、腐蚀性物品隔离储存。

(17)易燃液体、遇湿易燃物品、易燃固体不得与氧化剂混合储存,具有还原性的氧化剂应单独存放。

(18)有毒物品应储存在阴凉、通风、干燥的场所,不要露天存放,不要接近酸类物质。

(19)腐蚀性物品包装必须严密,不允许泄漏,严禁与液化气体和其他物品共存。

(20)有毒品应执行“五双管理制度”,即双人验收、双人发货、双人保管、双把锁、双本账。

(四)危险化学品中毒、污染事故预防控制的一般原则

1. 替代

控制、预防化学品危害最理想的方法是不使用有毒有害和易燃易爆的化学品,但这一点并不是总能做到的,通常的做法是选用无毒或低毒的化学品替代已有的有毒有害化学品,选用可燃化学品替代易燃化学品。例如,用甲苯替代喷漆和除漆中用的苯,用脂肪族烃替代胶水或黏合剂中的苯等。

2. 变更工艺

虽然替代是控制化学品危害的首选方案,但是目前可供选择的替代品往往是有限的,特别是因技术和经济方面的原因,不可避免地要生产、使用有害化学品。这时可通过变更工艺,消除或降低化学品危害。如以往由乙炔制乙醛,采用汞做催化剂,现在发展为用乙烯为原料,通过氧化或氧氯化制乙醛,不需用汞做催化剂;通过变更工艺,彻底消除汞害。

3. 隔离

隔离就是通过封闭、设置屏障等措施,避免作业人员直接暴露于有害环境中。最常用的隔离方法是将生产或使用的设备完全封闭起来,使人员在操作中不接触化学品。隔离操作是另一种常用的隔离方法,简单地说就是把生产设备与操作室隔离开。最简单的形式就是把生产设备的管线阀门、电控开关放在与生产地点完全隔开的操作室内。

4. 通风

通风是控制作业场所中有害气体、蒸气或粉尘最有效的措施。借助于有效的通风,使作业场所空气中的有害气体、蒸气或粉尘的浓度低于安全浓度,可保证人员的身体健康,防止火灾、爆炸事故的发生。

5. 个体防护

当作业场所中有害化学品的浓度超标时，人员必须使用合适的个体防护用品。个体防护用品既不能降低作业场所中有害化学品的浓度，也不能消除作业场所的有害化学品，而只是一道阻止有害物进入人体的屏障。防护用品失效意味着保护屏障的消失，因此个体防护不能被视为控制危害的主要手段，而只能作为一种辅助性措施。

6. 卫生

卫生包括保持作业场所清洁和作业人员的个人卫生两个方面。经常清洗作业场所，对废物溢出物加以适当处置，保持作业场所清洁，也能有效地预防和控制化学品危害。作业人员应养成良好的卫生习惯，防止有害物附着在皮肤上，防止有害物通过皮肤渗入体内。

任务二　实验室环境保护

一、实验室环境保护概述

（一）实验室环境保护工作的目的

实验室环境保护工作的目的是遵守国家环境保护有关法律法规，切实减轻实验室在检验检测活动中对生态环境的影响，保护环境，维护生态环境安全，保障人民身体健康。

（二）实验室环境保护工作的适用范围

实验室环境保护工作适用于实验室在检验检测活动中产生的危险废物的处理以及实验室环境保护工作的全过程管理。危险废物是指在分析检测活动中，实验室产生的具有危险特性的废弃化学品、实验废液、残留样品，以及沾染上述物质的一次性实验用品、包装物、过滤吸附介质等固体废物（以下简称“实验室危险废物”），实验室危险废物类别如表 11-10 所示。

表 11-10　实验室危险废物类别

序号	类别	说明
1	优先控制的实验室废弃化学品	指以下实验室废弃化学品： 镉、铅、汞、三氯苯、四氯苯、三氯苯酚、溴苯酚、苊、苊烯、蒽、苯并芘、氧芴、二噁英/呋喃、硫丹、氟、七氯、环氧七氯、六氯苯、六氯丁二烯、六氯环己烷、六氯乙烷、甲氧氯、卫生球、多环芳香类化合物、二甲戊乐灵、五氯苯、五氯苯酚、五氯硝基苯、菲、芘、氟乐灵、多氯联苯
2	实验过程中产生的废弃化学品	指在教学、科研、分析检测等实验室活动中产生的实验室废弃化学品
3	过期、失效或剩余的实验室废弃化学品	指未经使用的报废试剂等
4	盛装过化学品的空容器	指盛装过试剂、药剂的空瓶或其他容器，无明显残留物
5	沾染过化学品的实验耗材等废弃物	指实验过程中被污染的实验耗材等

二、实验室环境保护工作的内容和要求

(一)实验室废气处理

实验室进行可能产生废气的操作都应在有通风装置条件下进行。实验室排出的废气较少时,一般可由通风装置直接排出室外,但必须高于附近屋顶 3 m;若排放毒性大且量较多的气体时,可参考工业上废气的处理方法,在排放之前,采用吸附、吸收、氧化、分解等方法进行预处理。

(二)实验室废水和废液处理

实验室废水和废液的来源主要为检测活动中产生的废水、实验室分析结束后剩余的各类水质样品、实验室配制标准溶液产生的多余试剂、前处理产生的各类化学液体、做标准曲线用的标准液、分析过程中产生的废液、实验室失效的液体试剂和标准物质等。

实验室产生的废水和废液符合相关标准可直接排放。超标废水及产生的废液不能直接排入下水道,应根据废水/废液性质分别收集,转运前应集中存放在指定的符合相关要求的场所,定期交由具有相应资质与能力的危险废物经营单位安全处置,实验室危险废物分类及包装要求如表 11-11 所示。

表 11-11 实验室危险废物分类及包装要求

序号	类别名称	分类释义	包装要求
1	含剧毒化学品的废物	是指按照国务院安全生产监督管理部门会同公安、环保、卫生、质检、交通部门确定并公布的剧毒化学品目录中的化学品。一般是具有非常剧烈毒性危害的化学品,包括人工合成的化学品及其混合物(含农药)和天然毒素等	铁制箱,内部使用填充物填满
2	含有机溶剂类废物	是指废物中含有一种或多种有机溶剂的混合物	塑料制,25 L 小口桶
3	含酸、碱类腐蚀性废物	是指废物中存在游离高浓度的酸或碱,具有较强的腐蚀性	塑料制,25 L 小口桶
4	含氧化或还原类废物	是指废物中存在具有较强氧化性或还原性的物质	塑料制,25 L 小口桶
5	含重金属的无机废液	是指废物中存在高浓度游离重金属离子的无机盐废液	塑料制,25 L 小口桶

(三)实验室固体废物处理

实验室固体废物包含分析结束后剩余的固体样品、失效的或未使用完的固体试剂和标准物质、实验用器皿、实验使用废弃的口罩手套、过滤废气或废液的材料以及空试剂瓶等,可直接倾倒,或使用原包装物、原试剂箱(带泡沫垫等)储存的废物,集中存放在指定的符合相关要求的场所,定期交由具有相应资质与能力的危险废物经营单位安全处置。

例如,完成检测任务后剩余的土壤样品,如结果达标,可根据相关管理要求倾倒于无特殊要求的指定地点;如结果超标应收集在原样品瓶(或样品袋)中,放在周转箱内,转运前集中存放在指定的符合相关要求的场所,定期交由具有相应资质与能力的危险废物经营单位

安全处置。

(四)实验室微生物废弃物处理

实验室微生物废弃物包括生物实验产生的菌柱、菌种及废弃的培养基、样品等。此类废物一律须经高压灭活处理后储存在废物包装物或者容器(塑料制,培养基密封后放置于纸箱)中,定期交由具有相应资质与能力的危险废物经营单位安全处置。转运前应集中存放在指定的符合相关要求的场所。处置具体要求为:

(1)在盛装微生物废弃物前,应当对废物包装物或者容器进行认真检查,确保无破损、渗漏和其他缺陷,包装物或者容器外表面应当有警示标识。

(2)盛装的微生物废弃物达到包装物或者容器的 3/4 时,应当使用有效的封口方式封口,确保包装物或者容器的封口紧实、严密。

(3)在运送微生物废弃物前,应当检查包装物或者容器的标识、标签及封口是否符合要求,不得将不符合要求的废弃物运送至暂时贮存地点。

(4)在运送微生物废弃物时,应当防止包装物或容器破损和废物的流失、泄漏和扩散,并防止废弃物直接接触身体。

(5)运送微生物废弃物应当使用防渗漏、防遗洒、无锐利边角、易于装卸和清洁的专用运送工具。废弃物转交出去后,应当对暂时贮存地点、设施及时进行清洁和消毒处理。

(6)处置微生物废弃物须进行登记,登记内容应当包括种类、重量或者数量、交接时间、最终去向以及经办人签名等项目,并保存登记资料。

(7)禁止转让、买卖微生物废弃物,禁止在非收集、非暂时贮存地点倾倒、堆放废物,禁止将废物混入其他废弃物和生活垃圾。

(五)实验室危险废物分类收集贮存

实验室应按照 GB 18597—2023《危险废物贮存污染控制标准》、HJ 2025—2012《危险废物收集　贮存　运输技术规范》、GB 15562.2—1995《环境保护图形标志固体废物贮存(处置)场》、GB 37822—2019《挥发性有机物无组织排放控制标准》等有关标准规范要求做好实验室危险废物分类收集贮存工作,建设规范且满足防雨、防扬散、防渗漏等要求的贮存设施或场所,规范设置贮存设施或场所、包装容器或包装物的标识标签,详细填写实验室危险废物种类、成分、性质、危险特性等内容。禁止混合收集、贮存、运输、处置性质不相容而未经安全性处置的危险废物。对废弃剧毒化学品,实验室应在处置前向属地公安部门报备,并按照公安部门要求落实贮存治安防范、运输管控等措施,交由具有相应资质与能力的危险废物经营单位安全处置。

对在常温常压下易爆、易燃及排出有毒气体的实验室危险废物应进行预处理,使之稳定后贮存,否则按易爆、易燃危险品贮存,并应向应急等行政主管部门报告,按照其有关要求管理。

(六)危险废物标志

危险废物标志指用于向人们提供危险废物产生、转移、贮存和处置利用过程中可能造成危害的符号,具有提醒警示功能。产生、贮存危险废物的单位及盛装危险废物的容器和包装物要按照 GB 18597—2023《危险废物贮存污染控制标准》附录 A 的规定设置危险废物标志。

危险废物标签式样见图 11-9。

B—3危险废物标签式样三

（粘贴于危险废物储存容器上的危险废物标签）

危险废物		说明
主要成分： 化学名称：	危险类别	1. 危险废物标签尺寸颜色 尺　　寸：20 cm×20 cm 底　　色：醒目的橘黄色 字　　体：黑体字 字体颜色：黑色
危险情况：		2. 危险类别：按危险废物种类选择。
安全措施：		3. 材料为不干胶印刷品。
废物产生单位： 地址： 电话：　　联系人： 批次：　数量：　产生日期：		

图 11-9　危险废物标签式样

实验室危险废物其他标志和标签式样可参考 GB 18597—2023《危险废物贮存污染控制标准》附录 A 的规定进行设置。

（七）环境保护工作的管理和监督检查

安全管理员负责实验室环境保护的具体工作，负责定期将实验室产生的有毒有害物质和废弃物交由有资质的废弃物处理单位进行处理，负责对相关人员的环境保护工作进行日常检查等。

质量负责人负责实验室环境保护的管理工作，配合上级环境保护管理部门检查，组织相关人员进行定期的环境保护工作检查和监督检查，领导和监督实验室环境保护的整改工作等。

项目拓展实训

1. 找出特定实验室的重点安全防护点，按要求检查实验室危险化学品、消防器材、报警设施、应急设施（如洗眼器及紧急喷淋装置等）、个人防护用品/装备、水电气等功能的有效性和安全状况，以及实验室危险废物管理情况和个人防护用品/装备佩戴情况等，并记录。

2. 为理化实验室的安全管理提出合理化建议。

项目十二 实验室质量控制

学习目标

(1)掌握质量控制的相关概念。

(2)了解实验室质量控制计划和实施过程。

(3)能根据质量控制文件要求完成相应岗位的文件编制。

任务一　实验室质量控制的相关概念

学习实验室质量控制知识,首先需要了解一些相关的概念。

(1)内部质量控制。实验室为持续监控测量过程和测量结果以确定结果是否足够可靠达到可以发布的程度而采取的一组操作。

(2)能力验证。依据预先制订的准则,采用实验室间比对的方式,评价参加者的能力。

(3)分析批。由同一分析人员、用相同的程序和试剂在同一台设备上同时或不间断地依次对由数个待测样品和控制样品组成的一组样品进行的一组分析。

(4)控制图。内部质量控制的主要工具。将控制值按特定顺序绘制在图中并与控制限比较,以判断过程和结果是否处于控制状态。

(5)控制限。控制图上用于判断过程和结果是否处于控制状态的界限。控制限有两类,即统计控制限和目标控制限。每一类控制限有行动限(Action Limit,AL)和警告限(Warning Limit,WL)两个控制限值。

(6)控制样品。分析结果用于构建控制图的样品,如标准溶液、待测样品、空白样品。

(7)控制值。控制样品的分析结果,可以是单值、均值或极差。控制值应比常规样品分析结果多保留一位有效数字,并且可以报告负值,低于定量限(LOQ)时也应报告数值。

(8)粗大误差。由于分析人员的过失(如操作、读数、记录和运算错误)或分析条件突然变化(如温度突变、电磁/静电干扰、设备故障)而引起的误差。

任务二 实验室质量控制方法和实施

一、质量控制计划的编制和质量控制方法选择

(一)质量控制计划的编制

质量控制计划包含内部质量监控和外部质量监控两个部分。技术负责人负责组织编制质量控制计划,以确保并证明检验检测过程受控以及检验检测结果的准确性和可靠性;质量负责人负责批准质量控制计划。质量控制计划应满足资质认定/实验室认可要求(如CNAS-RL02《能力验证规则》和CNAS能力验证领域和频次要求等),且须覆盖实验室准备申请资质认定/实验室认可或已获资质认定/实验室认可的所有检验检测标准和方法(包含全部检验检测项目类别,并需特别关注非常规检验检测项目类别),并加以评审/评价,以证明检验检测过程受控以及确保能有效监控检验检测结果的准确性和稳定性。在开展新的检验检测项目或使用新方法时,也应规定相应的质量控制计划/方案。当检验检测方法标准中规定了质量监控要求时,应将该项目纳入质量监控计划。

内部质量控制计划应对质量控制工作的内容、形式、质量控制方法、责任人、时间安排/频率、结果评价依据(每项监控活动数据分析结果可接受准则)、满足规定限值和超出规定限值时采取的措施等要求进行明确的规定。所采取的质控措施的形式、频次和控制限应首先满足所依据的检验检测方法标准和技术规范的要求,其次可基于质控图等数据统计分析技术,确定符合实验室实际工作要求(考虑检验检测对象、检验检测目的、评价标准等因素)的各项质控措施的控制限。

编制内部质量控制计划时应考虑以下因素:

(1)检验检测业务量。

(2)检验检测结果的用途。

(3)检验检测方法本身的稳定性与复杂性。

(4)对技术人员经验的依赖程度。

(5)参加外部比对(包含能力验证)的频次与结果。

(6)人员的能力和经验、人员数量及变动情况。

(7)新采用的方法或变更的方法等。

可行和适当时,实验室应通过参加外部质量控制来监控能力水平。外部质量控制措施包括参加能力验证、参加除能力验证之外的实验室间比对和参加测量审核。

外部质量监控计划不仅包括资质认定/实验室认可发证机构要求参加的能力验证参加计划(如CNAS-RL02《能力验证规则》中)的要求,适当时还应包含实验室间比对计划,具体见《实验室间比对和能力验证程序》。编制外部质量控制计划除应考虑上述因素外,还应考虑以下因素:

(1)实验室间比对和能力验证的可获得性,对没有能力验证的领域,应有其他措施来确

保结果的准确性和可靠性。

(2)资质认定/实验室认可发证机构、客户和管理机构对实验室间比对和能力验证的要求。

(3)资质认定/实验室认可范围所覆盖的检验检测方法。

(4)内部质量控制情况等。

(二)质量控制方法的选择

实验室对检验检测结果进行监控时应综合考虑检验检测对象、项目/参数、样品基体及检验检测方法等的覆盖性以确保并证明检验检测过程受控以及检验检测结果的有效性。质量控制方法应在质量控制计划中给予准确的描述和确认,可选择以下所述的一种或多种:

(1)定期使用有证标准物质进行监控和/或使用次级标准物质开展内部质量控制活动。

(2)定期使用经过检定或校准的具有溯源性的替代设备。

(3)对设备的功能进行检查。

(4)使用核查和工作标准,并制作控制图。

(5)进行设备的期间核查。

(6)对报告结果进行审查。

(7)参加实验室间比对或能力验证。

(8)使用相同或不同方法进行重复检验检测、对留存样品进行再检验检测。

(9)实验室内比对(人员、方法或设备比对)。

(10)加标和控制样品的分析。

(11)分析一个样品不同特性结果的相关性。

(12)盲样测试。

(13)可行和适当时,通过自行开展与其他实验室的比对来监控能力水平。

实验室可采取的内部质量控制方法主要有:

(1)空白。试剂空白一般每制备批样品或每 20 个样品做一次,样品的检验检测结果应消除空白造成的影响。高于接受限的试剂空白表示与空白同时分析的这批样品可能受到污染,检验检测结果不能被接受。当经过实验证明试剂空白处于稳定水平时,可适当减少空白试验的频次。当检验检测方法对空白有具体规定时,应满足方法要求。

(2)实验室控制样品(LCS)。可每制备批样品或每 20 个样品做一次。LCS 应按通常遇到的基体和含量水平准备,其测定结果可建立质量控制图进行分析评价。当经过 LCS 测试实验证明检验检测水平处于稳定和可控状态下时,可适当减少 LCS 的测试频率。

(3)加标。应在分析样品前加标,基体加标应至少每制备批样品或每个基体类型或每 20 个样品做一次,且添加物浓度水平应接近分析物浓度或在校准曲线中间范围浓度内,加入的添加物总量不应显著改变样品基体。

(4)重复检验检测。重复检验检测一般至少每制备批样品或每个基体类型或每 20 个样品做一次。当经过实验表明检验检测水平处于稳定和可控制状态下,可适当地减少重复检验检测频率。

(三)质量控制计划编制的其他注意事项

质量控制计划应包含非固定场所检验检测活动的内容。适用时,应开展现场空白实验、现场平行实验、样品加标回收实验、非固定场所设备比对实验、非固定场所与固定场所间检验检测结果的比对实验、能力验证等,并纳入质量控制计划中。

对于检验检测活动一个月少于1次的非常规检验检测项目(方法),实验室应加强对结果有效性的监控,必要时进行全面的分析系统验证,包括但不限于使用标准物质或质量控制物质、使用相同或不同方法重复检验检测、对留存样品重复检验检测,确保结果的可靠性和准确性。

针对同一参数由多人多台设备提供检验检测结果的情况,应根据需要制订实验室内人员、设备比对的计划。

一些特殊的检验检测活动,如噪声等检验检测结果无法复现的特殊现场检验检测活动,难以按照以上方法进行质量控制时,实验室应关注人员的能力、培训、监督以及与同行的技术交流。

可根据工作量、人员水平、能力验证结果、外部评审等情况确定质量控制活动的周期和频次。当人员、设备、方法标准、资质认定/实验室认可范围或影响实验室能力的其他方面发生重大变化时,应通过增加质量控制(包括参加实验室间比对或能力验证)的频次来证明实验室的能力。

CNAS-AL07《能力验证领域和频次表》只是CNAS对能力验证的最低要求。实验室应关注对于没有能力验证的领域,采取任何措施确保结果的准确性和可靠性。

二、质量控制计划的实施

技术负责人负责根据质量控制计划编制实施方案,确认项目、数量、标准物质的购置和发放、质量控制要求、时间安排/频率、结果评价依据(每项监控活动数据分析结果可接受准则)、满足规定限值和超出规定限值时采取的措施、考核结果的整理上报和日程安排等具体工作有章可循,并组织技术人员实施,对所有检验检测项目的检验检测结果进行控制,确保检验检测结果的有效性和准确性。质量负责人负责监督检查质量控制计划的具体实施。

在实际实施中,实验室可以根据检验检测本身的特点,综合使用质量监控手段。如,实验室可制作质量控制图进行监控,观察和分析控制图显示的异常趋势;当质量控制图中的质控点出现接近、达到警告限时,应立即分析原因,找出问题所在,及时采取处理措施,保证检验检测结果的准确性。适用时,可参考CNAS-GL027《化学分析实验室内部质量控制指南—控制图的应用》。

针对有机检测项目,在策划对结果有效性的监控时,应覆盖有机检测的全过程。监控措施包括但不限于:旅行空白、容器本底空白、实验室空白、全程序空白测定;全程序平行样测定、基体加标和基体加标平行测定,同时使用基体相同或相近的有证标准物质或添加替代物进行监控(基体加标和替代物添加均宜在样品前处理之前进行,并与样品分析步骤完全相同)。

在实施人员比对、设备比对和方法比对时,要选取均匀性和稳定性符合要求的样品进行。

实验室自行组织与其他实验室进行比对时,应注意选择资质能力满足要求的实验室,注意核查确认其出具的比对报告的有效性(如是否加盖资质认定标志/实验室认可标识等)、报告内容信息的完整性、选择使用的标准方法/依据和设备的合理性、结果的科学有效性等。

除了按年度质量控制计划实施质量控制外,当发生以下情况时,实验室也应采用适合的监控方法来确保提供给客户的检验检测结果的有效性:

(1)核查发现结果可疑时。

(2)客户对检验检测结果有异议而提出投诉,经查发现检验检测工作有误或可疑时。

三、质量控制结果的分析评审和处置措施

技术负责人负责将质量控制数据汇总,并组织由专业技术人员参加的评审小组,对质量控制的数据进行分析。如可行,应采用统计技术对结果进行审查并给出结论。质量控制所得数据的记录方式应便于发现其发展趋势。

技术负责人负责在每年管理评审前对质量控制工作的有效性进行综合评审,确认其技术原理和技术理论是否正确、操作上是否可行、方法上能否改进和补充、组织过程是否完善等。评审的结果应形成质量控制情况总结报告,交质量负责人批准,上报管理评审并用于下一年度质量控制工作的改进。

当内部质量控制结果不合格时,应内部自行暂停该项目的检验检测,待查找原因并采取有效的纠正措施且重新检验检测合格后,方可恢复检验检测工作。

当自行参加能力验证中出现不满意结果时,应实施纠正措施,并验证措施的有效性;当不满意结果已不能符合专业标准或规范时,除实施纠正措施外,还应自行暂停相应项目,在验证纠正措施有效后(包括重新参加该项的能力验证考核、申请测量审核)方自行恢复。

如果质量控制结果分析发现质量控制数据将要超出预先确定的判据时,应采取有效的措施纠正出现的问题,并防止出现错误的结果。如果对检验检测活动有效性或检验检测结果准确性怀疑时,应找出潜在的不符合原因,并采取改进措施。

项目拓展实训

1. 结合所给案例中具体的实验室情况,小组讨论制订实验室质量控制计划。

2. 编制质量控制文件中的某项四级程序文件或四级文件目录。

项目十三
实验室检验检测报告要求

学习目标

(1)掌握检验检测报告的编制要求和内容要求。

(2)了解检验检测报告的审核和批准签发要求。

(3)了解检验检测报告的修改和管理要求。

任务一　检验检测报告的格式设计和内容要求

检验检测报告是以计量为基础、标准(规范或合同)为依据,对检验检测样品进行严格检测和正确判定后,将检验检测数据以报告/报表形式出具的技术文件。检验检测报告是检验检测分析工作的最终结果,是反映产品质量信息的凭证,也是体现检验检测数据公正性、科学性、准确性的具有法律效力的技术文件。它的质量直接反映该实验室的检验检测技术能力和管理水平。

实验室应确保按标准或客户要求,清晰、客观、明确和准确地报告检验检测结果,按要求对检验检测报告副本及原始记录等资料归档留存,保证其具有可追溯性。

一、检验检测报告的格式设计

(一)检验检测报告的分类

1. 表单类

主要以表单的形式将检验检测的指标汇总在一起。这类报告的特点是结构简单、一目了然。

2. 综合类

将多项多种检验检测指标或产品参数分别进行统计汇总,辅以图表、文字,综合评判某产品或项目的质量情况。此类报告需要清晰的思路和科学的报告方法。

(二)检验检测报告格式的设计要求

报告编制员应采用统一格式的模板进行检验检测报告的编制。如没有规定的格式/模板，技术负责人应组织人员设计/编制检验检测报告格式/模板。检验检测报告的格式/模板设计应满足适用、合理的原则，表头、标题和内容等应尽可能格式化、标准化，且适用于所进行的各种检验检测类型，并尽量减少产生误解或误用的可能性。如果行业或者国际认证机构对报告格式有特殊规定，则优先采用行业或国际通用的格式。

当客户对报告格式有特殊要求并与实验室达成书面协议时，可以适当简化报告格式（如报表形式、表单形式）。该书面协议应予以存档，并可追溯。

二、检验检测报告的编制

报告编制员负责编制检验检测报告。在编制报告时应注意报告的编排，准确、清晰、明确、客观地报告每一项检验检测结果，并严格执行有关法定计量单位的使用规则及其说明，尤其是注意检验检测数据的表达方式，易于客户理解。

实验室需制订检验检测报告的唯一性编号规则。

三、检验检测报告的内容和要求

（一）检验检测报告的内容

除非实验室有充分的理由，否则每份检验检测报告应至少包括下列基本信息，以最大限度地减少误解或误用的可能性：

（1）标题。应加盖资质认定标志/实验室认可标识，加盖“检验检测专用章”（适用时）。

（2）实验室名称、地址、电话。进行检验检测的地点如果与实验室的地址不同，还应包括客户设施、实验室固定设施以外的场所、相关的临时或移动设施的地址。

（3）将检验检测报告中所有部分标记为完整报告一部分的唯一性标识（每一页上的标识，以确保能够识别该页是属于检验检测报告的一部分为标准）以及表明检验检测报告结束的清晰标识。检验检测报告的硬盘拷贝应当有页码和总页数信息。

（4）委托方的名称和联络信息（地址、邮箱、电话、传真等）。委托方与产品的生产方不是同一单位时，还应包括生产单位的名称；接收客户送样的，应注明送样单位。

（5）样品的获取方式（如现场抽样、客户送样等）、样品基体类别、检验检测项目、样品描述、样品明确的标识/编号以及必要时样品的状态。

（6）样品接收日期、分析日期（分析周期）。对检验检测结果的有效性和应用有重大影响时，应注明样品的抽样日期。

（7）对采用的检验检测方法的识别。

（8）对检验检测结果的有效性和应用有重大影响时，应提供所用的抽样计划和方法的说明。

（9）检验检测结果和测量单位。

（10）接收客户送样的，检验检测结果仅适用于收到的样品的声明。如果实验室不负责抽样，应在检验检测报告中明确“客户送样”或有同类描述，声明结果仅适用于收到的样品。

（11）检验检测结果是仅与被检样品有关的声明。

（12）未经实验室的书面批准，不得复制报告（全文复制除外）的声明。

(13)检验检测结果来自外部提供者时需清晰标注。实验室签发的带CNAS认可标识或认可状态声明的检验检测报告中部分结果来自分包方时,应予以清晰标明。如果分包方的项目未获CNAS认可,应标明此项目不在认可范围内。检验检测报告中如包含从分包方获得的检验检测结果,该结果必须由分包方正式的书面或电子版本中引入。收到分包检验检测结果后,技术负责人应对分包方的检验检测结果进行合理性分析,确定其结果是否符合要求,在确认无误并经分包方同意后方可交与报告编制人员将分包检验检测结果输入到实验室的检验检测报告中,并清晰标注分包项目和分包方出具的检验检测结果、自身有无相应资质认定/实验室认可技术能力、分包方名称、分包方资质认定/实验室认可资质证书编号等信息。档案管理员负责将分包方出具的检验检测报告与实验室出具的检验检测报告副本和原始记录一起归档和保管。

(14)检验检测报告编制、审核人签字,检验检测报告签发人/批准人的识别,包括姓名、签字或等效标识和签发日期。

(15)报告的发布日期。

实验室在抽样时,应有完整、充分的信息支撑检验检测报告。当需对检验检测结果做解释时,含抽样在内的检验检测报告还应包括以下附加内容:

(1)抽样日期、抽样地址等信息。

(2)抽样位置信息,适用时,需附点位布置图或照片。

(3)所用抽样方案或程序的说明,以及每次抽样(测试)的起止时间。

(4)抽样过程中可能影响到检验检测结果的现场环境条件的详细信息(检验检测方法中对环境条件有明确要求的,或直接参与结果计算的气象参数,如大气压、温度、湿度、风向、风速、天气状况等,应在检验检测报告中详细说明)。

(5)与抽样方法或程序有关的方法标准或技术规范,以及对这些方法标准或技术规范的偏离、增添或删减。

(6)如有需要,还必须提供样品制备、分样等的详细信息。

当需要对检验检测结果进行解释时,检验检测报告还应包括以下附加内容:

(1)对抽样方法以及检验检测方法的偏离、增添或删节,以及特定检验检测条件的信息,如环境条件等。

(2)适用时,符合(或不符合)要求/规范的声明。

(3)适用时,评定测量不确定度的声明。当不确定度与检验检测结果的有效性或应用有关,或客户的指令中有要求,或当不确定度影响规范限值的符合性时,检验检测报告中需包括有关不确定度的信息。

(4)适用且需要时,提出意见和解释。

(5)特定检验检测方法、客户或客户群体所要求的附加信息。

除以上内容外,必要时报告中还应包括以下内容:

(1)当客户知道偏离了抽样方法以及检验检测方法的规定条件仍要求进行检验检测时(在进行了合同评审并签订委托合同后),实验室应在检验检测报告中作出免责声明,并注明样品偏离情况,指出偏离可能影响的结果。

（2）实验室对报告中的所有信息负责，但客户提供的信息除外，客户提供的数据应明确标识。当客户提供的信息可能影响结果的有效性时，报告中还应有免责声明。对于客户提供的样品来源信息，原则上不应写入检验检测报告；如果应客户要求写入检验检测报告，必须以醒目的方式注明，并同时声明此信息为客户提供，实验室不负责其真实性。

（3）如果客户坚持使用不合适或已过期的方法（在进行了合同评审并签订委托合同后），应在报告中予以说明，并明确该方法获得资质认定/实验室认可的情况。使用不合适或已过期的检验检测方法，检验检测报告不得加盖资质认定标志（CMA），且应在报告的显著位置注明“本报告中的检验检测方法已过期，检验检测结果仅供内部参考，不具有证明作用”或类似表述。

（二）检验检测报告的要求

1. 关于符合性声明的要求

检验检测结果及其不确定度报告内容应当根据客户和标准或规范的要求及结果的用途而定。当客户要求出具的检验检测报告中包含对标准或规范的符合性声明（如符合或不符合、合格或不合格、通过或未通过、在允许限内或超出允许限等）时，实验室应有相应的判定规则（指当需要做出与规范或标准符合性的声明时，描述如何考虑测量不确定度的规则）。若标准或规范不包含判定规则内容，实验室选择的判定规则应与客户沟通并得到同意。

当做出与规范或标准符合性声明时，实验室应考虑与所用判定规则相关的风险水平（如错误接受、错误拒绝以及统计假设），将所使用的判定规则形成文件，并应用判定规则。如果客户、法规或规范性文件规定了判定规则，则无须进一步考虑风险水平。具体可参考CNAS-GL015《判定规则和符合性声明指南》。

实验室在报告中做出符合性声明时应清晰标示：

（1）符合性声明适用的结果。

（2）满足或不满足的规范、标准或其中条款。

（3）应用的判定规则（除非规范或标准中已包含）。

在检验检测报告中给出符合性声明，报告审核人员和授权签字人应充分了解相关质量标准或污染排放/控制标准的适用范围，并具备对检验检测结果进行符合性判定的能力（对检验检测结果进行符合性判定的能力具体是指：根据检验检测对象或委托方要求，正确选用评价标准和排放/控制限值，包括适用阶段或适用级别，数据计算规则和修约规则，以及评价结论的规范表达等，以降低和规避因提供错误评价结论而导致的风险）。当检验检测报告中需要给出符合（或不符合）结论时，相关人员应正确选用评价标准，文字表述应包含各指标限值及对应的适用阶段或适用级别，用词应准确无歧义。

2. 关于结果的要求

检验检测报告的结果呈现应注意以下要求：

（1）当检出结果低于方法检出限或定量限时，用“ND”或“小于检出限值”表示，并注明“ND”表示未检出，同时应提供方法检出限或定量限的数值。检出限以方法标准中的检出限值或实际检出限值（如有稀释过程等）表示。如使用报告限，应在报告中提供报告限的数值。

（2）如果报告的结果是用数字表示的数值，应按照所用方法标准和/或技术规范的规定进行表述。检测值的有效位数表示及数值修约方式应依据有关方法标准和/或技术规范的规定。无相关规定时，可参照 GB/T 8170《数值修约规则与极限数值的表示和判定》的相关内容。

(3)当需要解释检验检测结果时，或客户有要求时，或检验检测方法有要求时，应报告质量控制结果。当质量控制结果不完全满足检验检测方法要求且无法重新检验检测时，应在报告中以适当方式进行标注和说明。

(4)对于含多参数的有机物检测，当其中个别参数的检测结果超出校准曲线范围，或质控结果超出方法规定或实验室制订的控制限，并且无法进行重复检测或虽经重复检测仍然无法避免时，应在报告中对相关结果予以明确标注和说明，以表明其特殊性。

(5)平行样的检测结果在允许偏差范围内时，用其平均值报告检测结果。

(6)除检验检测方法、法律法规另有要求外，应在同一份检验检测报告上出具特定样品不同检验检测项目的结果；如果检验检测项目覆盖了不同的专业技术领域，也可分专业领域出具检验检测报告。

(7)即使客户有要求，也不得随意拆分检验检测报告，如将“满足规定限值”的结果与“不满足规定限值”的结果分别出具报告，或只报告“满足规定限量”的检验检测结果。

(8)根据客户的特殊要求，实验室可以采用简化形式进行长期协议项目检验检测结果的报送，如报表形式、表单形式。但在“报告”中减少的信息，应在原始记录中能够查到或可溯源。

如客户没有特殊要求，实验室应使用中文出具检验检测报告。任何实验室和人员不得在受到指使、利诱、胁迫的情况下出具虚假的检验检测报告。

(三)意见和解释

检验检测报告的“意见和解释”属于附加服务，应在客户要求时并进行了合同评审后做出，可包括(但不限于)：对检验检测结果符合(或不符合)要求的意见(客户要求时的补充解释)、履行合同的情况、如何使用结果的建议和改进的建议等。

实验室可以根据自身能力和实际情况选择是否做出“意见和解释”，并在管理体系中予以明确，对其进行有效控制，包括合同评审。根据检验检测结果，与方法标准/技术规范或者客户的规定限量做出的符合性判断、对数据结果的解释说明、对客户异议的解释和处理等情况不属于“意见和解释”。

注：实验室如果申请对某些特定检验检测项目的“意见和解释”能力的认可，应在申请书中予以明确，并说明针对哪些检验检测项目做出哪类的意见和解释，并提供以往做出“意见和解释”时所依据的文件、记录及报告。相关人员能力信息应随同申请一同提交。实验室人员如果仅从事过相关的检验检测活动，而不熟悉检验检测对象的设计、制造和使用，则不予认可其“意见和解释”能力。

任务二　检验检测报告的审核和批准签发

一、检验检测报告的审核

检验检测报告审核人员负责审核原始记录中使用的方法和设备是否合理适宜、使用公式是否正确等，负责审核报告是否采用统一的格式、填写项目是否完整、检验检测方法标准和评判标准是否正确、检验检测结果的相关性和逻辑性是否合理、检验检测结果和计量单位是否正确、测量不确定度表述是否符合要求、语言表述是否科学严谨和清晰准确、备注内容是否规范、与原始记录的信息是否一致和完整、是否可溯源等。

检验检测报告审核人员应对报告中分包的检验检测结果进行审核，发现问题及时与技术负责人沟通，由分包方解释和修改。

检验检测报告审核人员不得改动检测原始记录，如发现错漏，应由检验检测人员按照相关要求进行更改，重新履行审核手续。

二、检验检测报告的批准签发和用章管理

授权签字人按照各资质证书上批准的授权签字领域负责相应领域内检验检测报告的全面审核并批准签发，在签发报告前应核对检查（包括但不限于）抽样的代表性，样品的原始性，信息、项目的齐全性，内容的完整性，用语的恰当性，检验检测方法、判定依据的正确性，质量控制的有效性，数据之间的逻辑性和相关性，报告结果的准确性，结论的正确性，风险（包括偏离）的可控性，资质以及授权范围的合法性等（表 13-1）。授权签字人对其签发的检验检测报告具有最终技术审查职责，对于不符合资质认定/实验室认可要求的结果和报告具有否决权，对其签发的检验检测报告的规范性、完整性、准确性、真实性和批准签发程序的正确性负责。

经批准签发的检验检测报告由报告盖章人员在实验室各资质证书确定的检验检测能力范围内、按照资质认定/实验室认可的相关规范/要求以及实验室“检验检测专用章”和各类资质章的使用和管理规定，加盖“检验检测专用章”、骑缝章和相关资质章（资质认定标志/实验室认可标识）。根据客户要求且同时满足加盖资质认定标志和实验室认可标识的条件要求时，可以在检验检测报告上同时加盖资质认定标志和实验室认可标识。

未加盖资质认定标志的检验检测报告，不具有对社会的证明作用。为科研、教学、内部质量控制等活动出具检验检测数据、结果时，在资质认定证书确定的检验检测能力范围内的，出具的检验检测报告上可以不加盖（或印刷）资质认定标志。

表 13-1 检测报告审核/审查记录表

报告编号		委托方名称	
委托性质		检测类别/领域	
报告批准日期		加盖资质章情况	□无 □CMA □CMA+CNAS □其他:

检测报告(含分包报告)审核/审查内容(在审核/审查的内容前打√,其他情况需补充具体内容):

□1)原始记录中使用的采样方法标准、检测方法标准和评判标准是否合理适宜;

□2)原始记录中使用的设备是否合理适宜;

□3)原始记录中使用的公式是否正确,数据计算和处理过程是否正确;

□4)原始记录中的数据是否合理、是否有逻辑性和可比性;

□5)原始记录填写项目是否完整,是否有漏签字,修改是否规范,图谱、打印条等附件是否规范齐全;

□6)原始记录是否完整、是否可溯源;

□7)原始记录的其他情况:

□8)检测报告是否采用统一的格式,填写项目/信息是否完整;

□9)检测报告中的抽样方法标准、检测方法标准和评判标准是否正确;

□10)检测报告中的检测结果和计量单位是否正确,质量控制是否有效;

□11)检测报告中检测结果的相关性和逻辑性是否合理;

□12)检测报告声明/备注内容是否规范,语言表述是否严谨恰当、准确清晰,结论是否合理正确;

□13)检测报告与原始记录的信息是否一致和完整、是否能溯源;

□14)检测报告风险(包括偏离)是否可控;

□15)检测报告授权签字人是否在其授权范围内,加盖资质章是否正确;

□16)检测报告中其他情况:

□17)分包报告是否符合要求:□符合 □不符合,存在问题:

具体审核/审查情况描述:

审核/批准/审查人员签名: 审核/审查日期:

发现不符合处理情况:

□现场纠正;

□需采取纠正措施,要求完成时间:____________

检测人员(如涉及): 日期: 报告编制人员(如涉及): 日期:

报告审核人员(如涉及): 日期: 报告批准人员(如涉及): 日期:

备注(整改情况、整改结果说明等):

报告审核/批准/审查人员确认: 日期:

注:本记录在检测报告编制后的审核和签发阶段由审核人和批准人填写,在报告的定期/集中审查(如在人员监督、质量控制、与客户共同审查报告等)过程中由审查人员填写。如在检测报告(含分包报告)审核/批准/审查过程中发现偏离事项或不符合项,需在审核/审查情况中具体描述偏离事项或不符合事实,整改结束后需在备注中予以说明整改情况或整改结果。

如接受相关业务委托，涉及未取得资质认定的项目，又需要对外出具检验检测报告时，检验检测报告不得加盖资质认定标志，且应在报告中清晰标示出未取得资质认定的项目，并在检验检测报告的显著位置注明“相关项目未取得资质认定，仅作为科研、教学或内部质量控制之用”或类似表述。此种情况也可以通过“拆分”检验检测报告的方式处理，把取得资质认定的项目和未取得资质认定的项目分开出具报告，未取得资质认定的项目出具的报告不得加盖资质认定标志，且在报告的显著位置注明“本报告中的检验检测项目未取得资质认定，仅作为科研、教学或内部质量控制之用”或类似表述。

如果批准签发的检验检测报告结果全部不在实验室各资质证书确定的检验检测能力范围内或全部结果来自外部供应商，则不得在检验检测报告上加盖（或印刷）相关资质章（资质认定标志/实验室认可标识）。

实验室签发的带 CNAS 认可标识或认可状态声明的报告中包含部分非认可项目时，应清晰标明此项目不在认可范围内。实验室签发的带 CNAS 认可标识或认可状态声明的报告中的结果/结论依据部分为非认可项目时，应清晰标明结果/结论所依据的合格评定活动不在认可范围内。对于多地点的实验室，CNAS 认可标识使用或认可状态声明不应使相关方误认为未获认可地点的相关能力在认可范围内。

报告盖章人员负责用章记录记录/资料的日常保管并做到方便检查。

任务三　检验检测报告的管理

一、检验检测报告的发放和结果传递

实验室被授权人员负责按要求发放检验检测报告。发放时应注意：必须由委托单位联系人或其授权人才可领取，以免被其他人领走，造成失密。

当客户要求用电话传递检验检测结果时，应有客户要求的记录，并遵守相应的保密程序，在核实确认接收方身份的真实性和可靠性后，将正式书面检验检测报告中的检验检测结果报送。当客户要求用电传、传真或其他电子、电磁方式传递检验检测结果时，应有客户要求的记录，并遵守相应的保密程序，将正式书面检验检测报告扫描件，按照委托书上的地址、传送方式发送，确保数据和结果的安全性、有效性和完整性。无论用以上何种方式传递检验检测结果，需同时说明或备注：以最终收到的、有授权签字人签字批准、加盖“检验检测专用章”和骑缝章以及资质认定标志/实验室认可标识（如使用）的检验检测报告正本为准。涉及仲裁、诉讼及其他法律纠纷、新产品等重大影响的结果报告，原则上不采用电子传递方式。

实验室应保管好检验检测报告发放记录等记录/资料并做到方便检查（表 13-2）。

表 13-2 ________年______月用章和检测报告发放登记表

用章/发放日期	委托方名称	检测报告编号	发放形式	发放份数	加盖资质章情况		用章人/发放人签名	报告接收人签名/快递单号	备注
					CMA	CNAS			

二、检验检测结果的利用和解释说明

实验室应当提醒检验检测报告的使用单位或个人，无论是产品宣传、招投标或用作其他某一具体用途，都应当正确使用检验检测报告，规范发布检验检测报告。如向社会公布检验检测数据、结果的，应当保证检验检测数据、结果的真实、完整，不得伪造、编造检验检测数据、结果，不得作误导性的解释和说明。

除非法律法规有特殊要求（如《信息报告目录》中规定的事项）或合同授权，实验室向第三方传递检验检测结果或透露相关信息时，应征得客户同意。

客户对检验检测数据、结果有异议的，实验室应当向客户进行解释说明；客户有需要的，实验室应当向客户提供相关原始记录（扫描件或复印件）和其他证明材料。法律、法规有专门规定的，依照其规定执行。

三、检验检测报告的修改

所有检验检测报告均采用纸质打印版本且不得涂改。实验室对检验检测报告的修改应以重新发布新的检验检测报告的方式进行。

检验检测报告在签字盖章后、尚未发出之前如发现差错，应立即进行修改，并将原报告作废。检验检测报告发放后如发现有误需要修改，应及时将有误的报告收回，填写表 13-3，提出报告修改申请，经审批后另行修改、编制符合要求的检验检测报告。

表 13-3　检测报告修改申请审批记录表

原报告编号：	修改后报告编号：
申请人	申请日期：
修改原因：	
修改前条款/内容：	修改后条款/内容
审核意见：	
原报告授权签字人：	日期：
审批意见	
签名：	日期：

当客户收到检验检测报告后发现有错误时，如需对检验检测报告进行修改，应分析原因并经过原报告批准人审核确认。如检验检测报告错误是由实验室内部原因造成的，应查找原因并采取必要的纠正措施。若追溯到检验检测报告的错误是因检验检测方法或设备问题导致的，应及时与客户联系重新进行检验检测。

当经过修改后重新发布检验检测报告时，应在新编制的检验检测报告中清晰标示修改的信息，适当时标注修改的原因，并注明所替代的原报告的编号及相关信息。经修改后重新编制的检验检测报告应有唯一性编号（如在原报告的唯一性编号后加注-A/B/C……以此类推，表示更改版次），按原渠道发放。

若原检验检测报告不能收回，应在发出新的检验检测报告的同时，声明原报告作废。原报告可能导致潜在的其他方利益受到影响或损失的，应通过公开渠道声明原报告作废，并承担相应责任。

收回的错误报告正本、副本和原始记录应连同新出具的检验检测报告副本及原始记录等一同存档。

四、检验检测报告的管理

检验检测报告副本[指实验室发给客户的检验检测报告正本版本的副本，可以是纸质版本或不可更改的电子版本，其中应包含检验检测报告的编制人、审核人和批准人的签名、“检验检测专用章”、资质认定标志/实验室认可标识(如使用)等信息，且需与正本信息/内容完全一致并加盖副本印章]应连同原始记录、样品送检流转单、客户确认书等记录/资料由档案管理员负责统一收集、整理、保存和管理。

在保证安全性、完整性和可追溯的前提下，可使用电子介质存储的检验检测报告和记录代替纸质文本存档。

实验室保存的检验检测报告副本应完整、真实和可追溯，不允许随意编造、更改或者销毁，存放场所需注意采取防盗、防火、防潮、防水、防尘、防光、防鼠、防虫等安全保护和保密措施，有明确标识，做到妥善保存和管理，未经最高负责人同意不得外借，以保护客户的权益。检验检测报告副本和检验检测原始记录等资料/档案的管理具体参考本书的项目十内容。

项目拓展实训

1. 假设自己是一名实习检验检测报告编制员，按要求编制至少两种类型的检验检测报告。请报告审核人员对编制的检验检测报告质量进行评价。

2. 按实验室要求整理检验检测报告和原始记录并进行归档。

项目十四

内部审核和管理评审

学习目标

(1)了解审核的定义和相关术语。

(2)了解审核的类型、目的和原则。

(3)熟悉内部审核的流程和要求。

(4)了解管理评审的流程和要求。

任务一　审核概述

一、审核的定义与相关术语

(1)审核(或称质量审核)。为获得审核证据并对其进行客观的评价,以确定满足审核准则的程序所进行的系统的、独立的并形成文件的过程(ISO 9000)。

(2)内部审核(或称第一方审核)。组织本身根据预定的日程和既定的程序,定期进行的一项全面或专题性质量检查、验证活动。

(3)审核准则。用作依据的一组方针、程序或要求。

(4)审核证据。与审核准则有关的并且能够证实的记录、事实陈述或其他信息(ISO 9000)。

(5)审核发现。将收集的审核证据对照审核准则进行评价的结果(ISO 9000)。

(6)审核结论。审核组考虑审核目标和所有审核发现后得出的最终审核结果。

(7)审核员。有能力实施审核的人员(ISO 9000)。

(8)审核组。实施审核的一个或多个审核员。

(9)不符合。未满足要求(ISO 9000)。这些要求包括:有关法律、法规的要求,用户的要求,实验室认可准则的要求,组织的管理要求,管理体系标准的要求。

(10)观察项。到审核结束时止,尚没有充分证据证明内审观察到的内容是否符合规定的要求，或根据内审员的经验，认为某些方面可能存在潜在的不符合因素以及与隐含要求不符合的内容，应引起被审方的注意，或审核发现不符合法律法规要求。

(11)纠正。为消除已发现的不符合所采取的措施。

(12)纠正措施。为防止已出现的不符合或其他不期望情况的再次发生，消除其原因所采取的措施。

(13)预防措施。为防止潜在不符合或其他不期望情况的发生，消除其原因所采取的措施。

二、审核的类型

审核一般有三种分类方法，即按审核方分类、按审核对象分类和按审核范围分类。

(一)按审核方分类

1. 第一方审核

第一方审核也称内部审核，是由组织的成员或其代表以组织名义进行的审核，可作为组织自我合格声明的基础，是组织实施的一种自我评价、自我完善、自我改进的系统活动。内部审核可为组织进行有效的管理评审和采取纠正、预防、改进措施提供信息。一般情况下，第一方审核可以由与受审核活动无责任关系的人员进行，以证实审核的独立性。

第一方审核的主要目的是：

(1)确定自身符合管理体系的标准要求。

(2)及时采取纠正/预防措施，保持管理体系有效运行和实施，提高组织满足要求的能力，增强客户满意度。

(3)为第二方和第三方审核做准备。

(4)诊断并评价管理体系、实现预定质量目标的有效性。

(5)识别管理体系潜在的改进机会等。

2. 第二方审核

第二方审核是由组织的相关方(如客户)或由其他人以相关方的名义进行的审核，是一个组织为了选择和评价合适的利益合作方，在合同签订前或依合同要求，由该组织的人员或由其他人员以该组织的名义对合作方进行的审核。

第二方审核的主要目的是：

(1)确定合作方满足管理体系的标准要求。

(2)选择合适的合作伙伴，确保采购产品符合规定的要求。

(3)证实合作方持续满足规定要求的能力。

(4)促进合作方管理体系的持续改进等。

3. 第三方审核

第三方审核是由独立于受审核方且与受审核方没有利益关系的第三方机构，依据公认的、特定的审核准则，按规定的程序和方法对受审核方进行的审核。

第三方审核的主要目的是：

(1)获得第三方认证/注册。

(2)证实受审核方满足产品要求,增强客户满意度的能力。

(3)实施、保持和改进组织的管理体系。

(4)满足相关方的要求,减少重复审核。

(5)提高组织信誉,增强市场竞争力。

三方审核的异同点见表 14-1。

表 14-1　三方审核的异同点

项目		第一方审核	第二方审核	第三方审核
不同点	提出人	组织的管理层	客户	独立的第三方认证机构或审核机构
	执行人	组织的内审员,机构聘请的外部人员	客户或客户委托的其他人员	独立的第三方认证机构或审核机构的内审员
	审核目的	查证体系的符合性和有效性,找出体系改进的机会	评价、选择、控制供方	认可或认证
	主要审核依据	组织的管理体系文件和产品相关的法律法规(包括方法标准或规范)	组织与客户签订的合同中规定要求	评审准则的要求,组织的管理体系文件,组织适用的法律法规(包括方法标准或规范)
	对不符合项的处置和体系改进的建议	在总结审核时,可以对某些不符合项提出纠正措施的建议,可以对体系提出具体改进的建议,并对实施效果进行验证	可以随时提出纠正措施的建议或意见,可以对体系提出改进建议	一般不能对不符合项提出任何纠正措施的要求,可以对体系提出原则性改进建议,不能提出具体改进建议
相同点	审核都必须具有客观性、系统性、独立性 审核都是按合格评定规定的程序和要求进行 审核的结果都应作为管理评审输入 审核发现的不符合项都必须由受审核的责任部门/组织采取纠正措施,对纠正措施都必须进行跟踪验证 审核的过程都必须形成必要的文件,保留审核记录			

(二)按审核对象分类

1. 管理体系审核

通过检查管理体系来评价满足目标的有效性和满足客户要求的有效性。

2. 过程或程序审核

检查规定的方法能否持续实施。

3. 产品或服务审核

评价产品或服务是否符合规定的标准或技术要求。

(三)按审核范围分类

1. 完整审核

覆盖所有要求、所有活动、所有领域、所有部门的审核,如外审的初次审核或复评审,首次内部审核的集中审核等。

2. 部分审核

覆盖部分要求、部分活动、部分产品、部分部门的审核,如外审的监督评审、扩项评审、变更评审,内部审核的滚动审核、附加审核。

3. 跟踪审核

可在需要时进行。

三、审核的原则

为了使审核活动有效和可靠,ISO 19011《管理体系审核指南》规定了审核应遵循的原则,包括两个方面共5项原则。只有坚持这些原则,才能确保得出相关的和充分的审核结论;只有坚持这些原则,才能确保内审员独立的工作,并在相同条件下得出相同的审核结论。

(一)与审核员有关的原则

(1)诚实正直。职业的基础。

对审核员而言,诚信、正直、保守秘密和谨慎是最基本的素质要求。

(2)公正表达。真实、准确地报告的义务。

审核发现、审核结论和审核报告应真实和准确地反映审核活动。应如实报告在审核过程中遇到的重大障碍以及在审核组和受审核方之间没有解决的分歧意见。

(3)具备职业素养。在审核中勤奋并具有判断力。

审核员应珍视所执行任务的重要性以及审核委托方和其他相关方的信任。具有判断能力是做好审核工作的一个重要的因素。

(二)与审核有关的原则

(1)独立性。审核的公正性和审核结论客观性的基础。

审核员实施审核时应不带偏见,没有相关利益冲突;在审核过程中保持客观的心态,以保证审核发现和结论仅建立在审核证据的基础上。

(2)基于证据的方法。在一个系统的审核过程中,得出可信的和可重现的审核结论的合理方法。审核证据应是能够证实的。由于审核是在有限的时间内并在有限资源条件下进行的,因此审核证据是建立在可获得信息样本的基础上。审核应合理地抽样,抽样的合理性与审核结论的可信性密切相关。

四、内部审核的范围

实验室在建立管理体系并至少运作6个月以上后,应当进行一次全面覆盖的内部审核,即覆盖所有要素、所有活动、所有资源、所有场所或部门。在此后(第二次以后)的内部审核,应依据实验室的实际情况,经过策划、制订审核方案,对关键的、变化的、内外部审核发现不满意的过程作重点审核。

1. 管理体系的各个要素

依据组织实际情况建立的管理体系,必须满足相关要求,所有要素(过程)都要纳入审核范围。

特殊情况下,内部审核可以不包括管理体系涉及的全部要素或部分活动,这些审核可以称为附加审核,具体包括:

(1)按照客户要求临时增加的内部审核,只针对客户的明确要求开展。

(2)因组织内部的组织结构变化或组织部分职能的改变,为验证其有效性增加的只针对变化进行的内部审核。

(3)因管理体系内部发生变化,如实验室各项资源配置、程序或过程改变等,可能导致检验检测能力或经过分析、评价这些改变可能对检验检测结果有影响时,仅对变化的局部进行针对性内部审核。

(4)为验证审核(包括外部审核和实验室内部的各项质量控制活动,也包括前次内部审核、管理评审)发现的不符合项,纠正措施有效性所进行的针对有效性验证进行的内部审核。

(5)管理层认为必要时增加的内部审核。

2. 管理体系要素(过程)涉及的所有部门和岗位

依据组织实际情况建立的管理体系,所有要素(过程)涉及的部门和岗位都要纳入内部审核范围。

因实验室检验检测能力和/或组织结构的差异,内部审核所涉及的部门和岗位也有所不同。如实验室是某个母体组织的一部分时,财务、后勤等职能和支持部门及其相关岗位可以不包括在本次内部审核范围内。特殊行业实验室针对实际情况,可能包含一般不涉及或极少涉及的部门和岗位,如黄金珠宝等宝贵金属品或危险化学品等实验室的内部审核必须纳入安全保卫部门和岗位。

3. 管理体系涉及的所有重要活动和区域

(1)管理体系相关所有活动的组织机构,包括所有部门及其职责和权限、隶属关系等。

(2)管理体系相关所有活动的管理、运作程序涉及的活动和区域。

(3)与管理体系关联的所有资源配置情况,如人力资源、物质资源(设备设施、标准物资和试剂、各种消耗材料、环境条件等)、标准或技术规范(方法)、信息资源等。

(4)提供检验检测结果和数据(包括报告)的所有过程及其符合性。

(5)与管理体系关联的所有活动相关的文件、报告、记录等。

(6)与管理体系相关的所有重要的活动和区域,可能涉及超出管理体系之外的部分内容也要纳入内部审核范围,如为实验室提供外部服务的供应方的资源配置、检验检测结果和记录;来自供应商的证据,如重要记录和报告、能力或资质符合性证据;供应商的活动评价;用户提供的各种记录和报告等。

4. 管理体系涉及的所有分支机构

对区域分布广泛的多分支机构的实验室，包括现场的、移动的等，凡是管理体系涉及的部分必须纳入内部审核范围，如铁路工程、大型测试院（所）等。

不与本部主体在一起的多分支机构，不管其距离远近，凡是管理体系涉及的部分必须纳入内部审核范围。

五、内部审核的目的

实验室进行内部审核，最主要的目的是验证其运行持续符合管理体系的要求，即确保管理体系满足 CNAS-CL01《检测和校准实验室能力认可准则》及其相关的应用说明、RB/T 214《检验检测机构资质认定能力评价　检验检测机构通用要求》及其特殊领域的补充要求等的要求。

六、内部审核的特点

内部审核的特点，主要表现在以下几个方面：

1. 内部审核以改进为着眼点

外部审核的着眼点主要是评价受审方的管理体系与申请认可或认证标准或规则的符合性和管理体系运行的有效性；内部审核的着眼点在于及时发现问题，并致力于完善和改进管理体系。

2. 内部审核是一项质量管理活动

内部审核是组织管理体系有效性的审核，是一项经常开展的质量管理活动，是管理层介入质量管理的手段；内部审核活动必须得到组织负责人的全面支持，否则无法顺利开展，也不会产生效果；内部审核的结果须经管理层审核，如发现不符合的项须由受审部门负责人采取相应措施。

3. 内部审核是一项正式的活动

内部审核有文件化程序：一般由事先策划并由有能力的人员按策划方案进行；审核结果会形成正式的书面报告；对内部审核中发现的不符合项会采取相应的措施，如纠正、纠正措施、预防措施，并验证实施的有效性。

4. 内部审核比外部审核的难度高

内部审核会遇到如下一些困难：内审员经常面对自己的同事，难以产生权威效应；组织负责人的支持与否会因人为或环境原因而打折扣；内部审核的结果直接涉及每个员工或管理层的荣誉和利益，因而内部审核会遭遇抗争；此外，职业化的内审员队伍也较难建立。

七、内部审核的基本要求

（一）内部审核的依据

内部审核是实验室为了持续满足约定的要求进行的对管理体系运行符合性、有效性的审核活动，其依据是相关认可或资质认定准则及依据这些准则建立和运行的内部管理体系文件，也包括质量计划和合同（协议、要求）等。另外，检验检测方法也是内审的重要依据。

1. 实验室管理体系文件

实验室可按照自身的情况编制管理体系文件，文件中的各种规定都可作为审核依据。

2. 评审准则

评审准则包括但不限于：

(1)实验室认可。CNAS-CL01《检测和校准实验室能力认可准则》及其相关的应用说明。

(2)检验检测机构资质认定。RB/T 214《检验检测机构资质认定能力评价　检验检测机构通用要求》及其特殊领域的补充要求。

3. 国家有关法律法规、行政规章、方法标准和技术规范

4. 质量计划和合同(协议、要求)

(二)内部审核的基本要求

实验室进行内部审核必须严格遵循有关认证认可准则的要求，按照事先的策划实施。一般情况下，以 CNAS-CL01《检测和校准实验室能力认可准则》及其应用说明和/或 RB/T 214《检验检测机构资质认定能力评价　检验检测机构通用要求》等为内部审核依据的，应当遵循其规定及要求。

(1)按照预定的时间表和程序定期组织内部审核，以证实实验室运行持续符合管理体系和有关认证认可准则的要求。

(2)内部审核必须涉及所有要素和活动、关联部门和岗位，包括分支机构。

(3)由管理层负责安排和组织内部审核。

(4)由经过确认有能力的人员进行内部审核。出于公正性的考虑，只要资源允许，尽量避免本部门的内审员审核本部门活动。

(5)由组织根据情况对内部审核的周期做出规定。

(6)根据审核结果采取纠正措施，必要时书面通知客户。

(7)跟踪、验证纠正措施的实施情况及其有效性。

(8)记录审核的范围、审核发现和采取的纠正措施及其有效性验证等情况。

(9)编制内部审核报告及出具内部审核结论，并输入管理评审。

八、内审员的能力和评价

(一)内审员的基本要求

(1)能够认真执行国家有关方针政策、法律法规，并熟练掌握认可和资质认定准则相关要求。

(2)接受过相应的培训，并经能力确认和授权(任命)。

(3)具有相关专业教育背景和相关检验检测工作经历和管理工作的经历。

(4)具有较强的组织管理和综合评价能力。

(5)遵纪守法，坚持原则，实事求是，作风正派。

(二)内审员的作用

(1)对管理体系的运行起监督作用。

(2)对管理体系的保持和改进起参谋作用。

(3)在质量管理方面成为领导和群众之间沟通的渠道和纽带。

(4)在第二方、第三方审核中起内外接口作用。

(5)在管理体系的有效运行中起带头作用。

(三)内审员应具备的素质

素质主要是指一个人的知识、基本能力和具体工作的能力以及道德修养等在某一工作领域的综合表现。内审员应具备以下几方面素质：

1. 基本知识

(1)法律法规知识。

(2)资质认定/实验室认可评审准则,包括有关管理体系文件知识。

(3)审核技术和方法。

(4)专业知识。包括对实验室工作全过程的了解,对实验室所应用的现行检验检测、评价标准、规程规范等的熟悉。

2. 基本能力

(1)交流的能力。

(2)合作的能力。

(3)分析判断的能力。

(4)独立工作的能力。

(5)应变的能力。

(6)善于学习的能力。

3. 道德修养

(1)正直诚实。

(2)尊重他人。

(3)冷静坚毅。

(四)内审员工作的注意事项

(1)正确使用检查表。

(2)不要把自己当作专家和顾问。

(3)少讲、多看、多问、多听。

(4)选择正确的提问对象,正确提出问题;封闭式问题和开放式问题要相互结合。

(5)提问和察看要相互结合。

(6)管理体系和专业审核要相互结合。

(7)注意观察被遗忘的角落。

(8)创造良好的审核气氛。

任务二　内部审核的策划、组织和实施

一、内部审核的策划和组织

实验室应依据文件化的程序每年至少组织实施一次内部审核。其他方面(如客户或认可机构)对实验室进行的审核不宜替代内部审核。审核的周期和覆盖范围应当基于组织自身实际。

内部审核应当制订审核实施计划，如表14-2、表14-3所示，由内审组长负责审核实施计划的策划和制订。审核实施计划至少应包括：审核范围、审核准则、审核日程安排、参考文件(如组织的质量手册和审核程序)和审核组成员的名单等，以确保管理体系的每一个要素至少每12个月被检查一次。规模较大的实验室，可以建立滚动式审核计划，以确保管理体系的不同要素或组织的不同部门在12个月内都能完成审核。

表14-2　＊＊＊＊年度内部审核计划

审核目的	
审核范围	
审核依据	
审核要求	

月份 部门人员	1	2	3	4	5	6	7	8	9	10	11	12
总经理												
质量负责人												
技术负责人												
质量部												
检测中心												
市场部												
综合管理部												

编制人：　　　　编制日期：　　　　批准人：　　　　批准日期：

表 14-3 内部审核实施计划

档案编号：

审核目的					
审核依据					
审核范围					
审核组	组长：　　　组员：				
审核日期	年　月　日至　年　月　日				
取证日期	年　月　日至　年　月　日				
审核方法					
审核要求					
内审报告发放范围					
审核安排					
日期	时间	审核要素/审核内容	被审核部门/人员	内审员	审核地点/场所
编制人及日期			批准人及日期		

质量负责人通常作为审核方案的管理者，担任内审组长，负责确保审核依照预定的计划实施。质量负责人也可以将审核工作委派给其他人员，但需确保所委派的人员熟悉组织的管理体系和认可要求，并满足内审员的要求。在广泛的技术领域从事检验检测工作的规模较大的组织，审核可能需由质量负责人领导下的一组人员来实施。规模较小的组织，审核可以由质量负责人来实施。不过，最高管理者宜指定另外的人员审核质量负责人的工作，以确保审核活动的质量符合要求。

审核工作须由具备资格的人员来执行，内审员对其所审核的活动应具备充分的技术知识，因此须在审核前组织对其进行专门的审核技巧和审核过程方面的培训。

内审员宜独立于被审核的活动，不宜审核自己所从事的活动或自己直接负责的工作（除非别无选择，并且能证明所实施的审核是有效的）。当内审员不能独立于被审核的活动时，实验室须注重检查内部审核的有效性。

审核开始前内审组长应当向每一位内审员明确分配所审核的管理体系要素或职能部门，具体的分工安排应由内审组长与相关内审员协商确定。

组织内审员为调查、记录和报告结果准备工作文件。如规范文件，实验室的管理体系文件，用于评价管理体系要素的检查表（通常由内审员根据自己负责的要素编制），报告审核观察的表格如"不符合项记录表""纠正措施记录表"。检查表的内容应包括：审核对象、审核内容、审核方法和时间安排等，如表 14-4 所示。它的编制要点有：对照审核依据的要求，选择典型的问题（上次内部审核的不符合项需作为本次审核的重点内容），结合被审核部门的特点，抽样应有代表性，抽取的样本数应足够，时间应留有余地，具有可操作性，按部门检查时要包括涉及的要素、按要素检查时要包括涉及的部门等。

为保证审核的顺利和系统地进行，审核的时间安排应当由每一位内审员与受审核方一起协商确定。

审核开始前，内审员应当评审管理体系文件及上次内部审核的报告和记录，以检查与管理体系要求的符合性，并根据需审核的关键问题制定检查表。

二、内部审核的实施

内部审核的关键步骤包括策划、调查、分析、报告、后续的纠正措施及关闭，可按如下顺序逐步开展工作：

（1）内审组长主持召开由内审组成员和被审核部门的代表等相关人员参加的首次会议，介绍内审组成员，宣布内审组成员分工，明确审核目的、依据、范围，说明审核方法和程序，强调客观公正原则，解释相关细节，澄清有关问题，确定审核工作资源（如办公场所等，必要时，为内审组配备陪同人员），确定时间安排，包括具体时间或日期，以及明确末次会议参会人员，并要求被审核方对审核工作予以全力支持等。

（2）首次会议后，内审员到达审核现场，按照审核检查表实施审核。收集客观证据的调查过程涉及提问、观察活动、检查设备设施和环境、查阅记录和报告、操作演示和盲样考核等。审核需特别关注上次审核结果中不符合项的整改情况。

（3）内审员将管理体系文件（包括质量手册、程序文件、检验检测方法、作业指导书等）作为参考，将实际的活动与这些管理体系文件的规定进行比较，检查实际的活动与管理体系的符合性。在整个审核过程中，内审员始终要搜集实际活动是否满足管理体系要求的客观证据。收集证据应当尽可能高效并且客观有效，不存在偏见，不困扰受审核方。所有审核发现都应当予以记录。

（4）审核完所有的活动后，审核组应认真评价和分析所有审核发现，确定哪些应报告为不符合项，哪些只作为改进建议。不符合项应当以审核所依据的质量手册和相关文件的特定要求来确定。

之后审核组应依据客观的审核证据编写出清晰简明的不符合项和改进建议的报告。

（5）内审组与管理层和被审核的职能部门的负责人召开末次会议。会议的主要目的是报告审核发现，报告方式需确保管理层清楚地了解审核结果。

由内审组长向会议报告观察记录，并考虑其重要性，实验室运作中好坏两方面的内容均应报告，然后就管理体系与审核准则的符合性以及实际运作与管理体系的符合性报告审核组结论，并提出适宜的纠正措施，与受审核方商定纠正措施的完成时间。最后，保存末次会议的记录。

（6）后续纠正措施及关闭。末次会议结束后，受审核方负责完成商定的纠正措施。包括：当不符合项可能危及检验检测结果时，应当停止相关活动，直至采取适当的纠正措施，并能证实所采取的纠正措施取得了满意的结果。对不符合项可能已经影响的结果进行调查；当对相应的检验检测的报告的有效性产生怀疑时，应通知客户。

到商定的纠正措施期限后，内审员应当尽早检查纠正措施的有效性。质量负责人应当最终负责确保受审核方消除不符合项并予关闭。

表 14-4 不符合工作及纠正措施实施记录表

不符合工作提出日期		不符合工作责任部门	

1. 不符合工作事实描述：

2. 不符合工作的文件依据和条款号：

3. 不符合工作的来源

□质量监督/质量检查： □投诉： □合同评审：

□分包工作： □检测报告/原始记录： □内部审核：

□外部审核： □管理评审： □质量控制/能力验证结果：

□人员管理： □设备/标准物质管理： □设施和环境条件：

□文件控制： □检测方法： □样品管理：

□服务和供应品采购：

4. 不符合工作性质：□体系性不符合 □实施性不符合 □效果性不符合

5. 不符合工作可接受性：□一般不符合 □严重不符合

6. 要求：需提供 □整改计划，上交计划日期：

□整改报告，上交报告日期：

□见证材料，上交材料日期：

提出人：□质量监督员__________；__________

□内审员/内审组长__________；__________

□外审员/内审组长__________；__________

责任部门负责人确认签字： 日期：

不符合工作原因分析；

纠正措施：

计划完成日期：

责任部门负责人确认签字： 日期：

纠正措施完成情况：

完成日期：

责任部门负责人确认签字： 日期：

三、关于内部审核记录和报告的注意事项

（1）即使没有发现不符合项，也应当保留完整的审核记录。

（2）应当记录已确定的每一个不符合项，详细记录其性质、可能产生的原因、需采取的纠正措施和适当的不符合项关闭时间。

（3）审核结束后应当编制最终报告。报告应当总结审核结果，并包括以下信息，如表 14-5 所示：

①审核组成员。

②审核日期。

③审核区域。

④被检查的所有区域的详细情况。

⑤组织运作中值得肯定的或好的方面。

⑥确定的不符合项及其对应的相关文件条款。

⑦改进建议。

⑧商定的纠正措施及其完成时间，以及负责实施纠正措施的人员名单。

⑨采取的纠正措施。

⑩确认完成纠正措施的日期。

⑪质量负责人确认完成纠正措施的签名。

（4）所有审核记录应按规定的时间保存。

（5）质量负责人应当确保将审核报告在适当时（包括不符合项）提交管理层。

（6）质量负责人应当对内部审核的结果和采取的纠正措施的趋势进行分析，并形成报告，在下次管理评审会议时提交管理层。报告提交管理评审的目的是确保审核和纠正措施能在总体上有助于管理体系运行的持续有效性。

表 14-5　内部审核报告

档案编号：

审核目的			
审核依据			
审核类型	□年度审核	□附加审核	□其他
审核范围			
审核组成员	组长：	组员：	
审核日期			
取证日期			
内审报告 发放范围			
内部审核报告内容			

编制人：　　编制日期：　　批准人：　　批准日期：

任务三　管理评审

一、管理评审概述

(一)管理评审的概念

管理评审是组织的管理层定期地、系统地对管理体系的适宜性、充分性、有效性和效率进行评价,以确保其符合质量方针和质量目标的活动。

管理评审是“由管理层就质量方针和目标、对管理体系的现状和适应性进行的正式评价”,在确保质量方针、目标和管理体系的持续适用、有效方面有着重要的作用。

(二)管理评审的目的

(1)确保实验室管理体系持续适宜和有效,并进行必要的变更或改进。

(2)确保实验室的质量安排持续满足自身需要。

(3)确保实验室的管理体系持续符合 ISO/IEC 17025 和/或资质认定评审的要求。

(三)管理评审的对象

(1)质量方针和目标。

(2)管理体系和要求。

(3)方针、目标、管理体系与实验室发展战略、目标、资源、环境的适应性。

(四)管理评审的时机

(1)管理评审通常在内审和纠正措施完成后进行一次。

(2)新建立的管理体系应在运行半年后评审一次。

(3)管理评审可在认可机构现场评审前进行一次。

(4)管理体系环境变化后应及时进行评审。

(五)管理评审的组织

(1)管理层负责实施管理体系的评审。

(2)管理层中负责设计和实施管理体系、负责技术运作、负责根据内部审核和外部评审的结果做出决定的管理者应参与管理评审。

(3)质量负责人应当负责确保所有评审工作依据规定的程序系统地实施,并记录管理评审的结果。

(4)质量负责人和相关部门负责人应当负责确保管理评审所确定的措施在规定的时间内完成。

(六)管理评审要求

(1)明确管理体系的现状,加以描述和概括。

(2)对质量方针、目标和管理体系的总体效果做出评价。

(3)对质量方针、目标和管理体系对资源的适应性做出评价。

(4)对质量方针、目标和管理体系对环境及变化趋势的适应性做出评价。

(5)对质量方针、目标和管理体系对发展战略的适应性做出评价。

(6)保存管理评审所形成的正式报告、评审记录及由评审而引起的调整、改进记录。

(七)管理评审方法

管理评审一般采取桌面评审,必要时伴随现场评审。常用方法有:

1. 列表评审

将需要评审的项目和要求列入表内,按某一评审标准逐一评价,评审目的和要求可视每次管理评审的目的和重点情况而异。

2. 集体讨论评审

事前先将议题要求通知有关部门和人员,开会时广泛讨论,集思广益。

3. 专题研讨评审

将管理评审的项目和要求分为几个专题,事先发给有关部门和人员,届时进行逐题研讨。

4. 问题导向评审

列出管理体系运行过程中实际的、潜在的、外部的、内部的所有问题,逐个分析论证。

(八)内部审核与管理评审的不同

1. 目的不同

内部审核——确定质量活动及其结果的符合性和有效性。

管理评审——确定质量方针、目标和管理体系的适应性和有效性。

2. 依据不同

内部审核——评审准则、法律法规、体系文件和技术标准。

管理评审——客户的期望、内部审核的结果等。

3. 层次不同

内部审核——控制质量活动及结果符合方针、目标的要求,属战术性的。

管理评审——控制方针、目标本身的正确性,属战略性的。

4. 结果不同

内部审核——(发现和)纠正不符合项,使体系更有效地运行。

管理评审——改进管理体系、修订质量手册和程序文件,提高管理水平和管理能力。

5. 执行者不同

内部审核——由与被审核领域无直接责任的人员参加。

管理评审——由管理层或其代表亲自组织有关人员进行。

6. 地点不同

内部审核——现场。

管理评审——会议室内或其他有效形式,如传阅文件、视频会议等。

(九)内部审核与管理评审的关系

内部审核是管理评审的输入之一,管理评审的输出可以作为内部审核的输入。

二、管理评审的策划

管理评审应当根据具体情况进行前期策划,确保管理评审输入和输出的完整性。

质量负责人应至少于每次管理评审前半个月编制完成管理评审计划，报最高管理者批准后下发至参加人员。管理评审计划(表 14-6)的主要内容包括(但不限于)：

(1)评审目的。

(2)评审时间。

(3)参加部门/人员。

(4)评审范围。

(5)评审方法。

(6)评审输入内容、负责人和提交报告时间等。

表 14-6　＊＊＊＊年度管理评审计划

档案编号：

管理评审目的			
管理评审计划时间		管理评审计划地点	
评审形式		评审期限	年 月 日—— 年 月 日
主持人		参会人员	
评审输入内容		主要负责人	提交时间
报告提交要求			
编制人		批准人	
日期		日期	

三、管理评审实施的注意事项

管理评审至少每年开展一次，周期通常为 12 个月，一般安排在年度内部审核结束后或第三方审核开始之前。当出现下列情况之一时可增加管理评审的频次：

(1)组织机构、经营范围、资源配置或内部情况发生重大变化时。

(2)发生重大质量事故或客户对于质量有严重投诉时。

(3)法律、法规、标准及其他要求有变化时。

(4)市场需求发生重大变化时。

(5)管理层认为有必要进行管理评审时。

管理评审开始后,应当依据正式的日程安排系统地实施。

各相关管理人员应根据管理评审内容和管理评审计划中规定的输入内容编写书面报告,并将其作为发言材料在评审前交质量负责人。

最高管理者主持管理评审,应说明管理评审的目的、主要内容、评审议程与要求等。各相关人员应按议程分别做相关材料报告。参加管理评审的所有人员应针对评审内容,结合各相关人员和质量负责人的报告进行认真评审,发表意见和建议,对实验室的质量方针、质量目标、检验检测活动及管理体系的持续适宜性、充分性、有效性等进行充分的讨论和评价,提出改进建议和改进措施,对存在的不符合工作提出纠正措施,确定责任人和完成期限等。

管理评审的输入至少应当包括以下内容:

(1)质量方针、质量目标(含总体目标)的实现程度,以及政策和程序的适用性、有效性和充分性,包括对管理体系文件修订的需求。

(2)管理人员和监督人员的报告。

(3)近期内部审核的结果。

(4)以往管理评审输出内容、所采取措施的情况以及结果跟踪情况。

(5)实施改进的有效性、纠正措施分析。

(6)由资质认定/实验室认可发证部门等外部机构进行的监督访问或评审结果。

(7)内部质量控制活动结果的趋势分析以及实验室之间比对或能力验证结果和结果质量的保障性。

(8)工作量和工作类型的变化。

(9)客户满意度调查、人员和相关方反馈情况的趋势分析。

(10)投诉受理和处理情况。

(11)环境和设施及设备资源配备情况(资源的充分性)、人力资源状况和员工培训考核情况(对新员工的培训和对现有员工的知识更新情况)等。

(12)风险识别的可控性和风险评估结果、应对风险和机遇所采取措施的有效性。

(13)与实验室相关的内外部因素的变化。

(14)与管理体系相关的其他因素,如行政管理和内务管理情况、社会责任报告/诚信建设评价报告,以及日常管理会议中的有关议题的研究等内容。

(15)变更和改进的建议。

最高管理者根据管理评审计划的内容、综合评审的结果等作出管理评审的结论(输出)。管理评审的输出至少应包括以下内容:

(1)实验室管理体系及其过程是否满足资质认定/实验室认可评审准则以及相关法律法规和标准规范的规定/要求,是否适宜、充分和有效。

(2)管理体系有效性及其过程有效性是否需要改进,组织机构和部门职责等是否需要调整。

(3)管理体系文件是否需要修订。

(4)资源配备是否充足,是否需要调整、增加。

(5)检验检测服务是否需要改进。

(6)质量方针和质量目标是否适宜,是否需要修改/修订。

(7)是否需要进行管理方案/制度的修订、奖惩措施的变化、运行机制的调整等。

(8)正式的措施计划,包括完成拟定的对管理体系、组织计划、目标运作的改进时间安排等。

(9)制订下一阶段/年度的工作计划和工作目标等。

质量负责人负责确保对管理评审的输入、评审过程和输出等内容予以全面准确地记录。管理评审结束后,质量负责人应根据管理评审记录编制详尽、有针对性的管理评审报告(表14-7)。管理评审报告要完整涵盖管理评审的输出,应有事实、有数据、有分析,对管理体系的适宜性、充分性和有效性以及质量方针和质量目标的实现情况做出中肯的评价,并明确改进的机会和变更的需要。主要内容应包括:

(1)评审目的。

(2)评审日期。

(3)组织人、参加人员。

(4)实施管理评审计划全过程的情况。

(5)评审内容(输入)。

(6)评审结论(输出)。

(7)分发清单等。

管理评审报告经最高管理者批准后应发放至管理层和各相关部门/人员。

四、管理评审后续工作的注意事项

(1)管理评审决定的各项改进/变更措施应反映在本年度的工作目标、工作计划及管理体系文件的修订等方面。

(2)管理评审中发现的问题应确定有关改进/变更措施、责任部门/人员和完成期限,在适当和约定的日程内实施,并对实施效果进行跟踪验证和确认。在定期的管理会议中应监控这些措施及其有效性。

(3)相关责任人应根据管理评审提出的不符合项,分析原因,制订纠正措施,并按照计划实施。质量负责人应指派专人(内审员、质量监督员或不符合项提出者等)对不符合项整改情况和改进结果进行跟踪验证和确认。

表 14-7　管理评审报告

档案编号：

<table>
<tr><td>评审目的</td><td colspan="3"></td></tr>
<tr><td>评审日期</td><td></td><td>评审地点</td><td></td></tr>
<tr><td>评审形式</td><td></td><td>评审期限</td><td>年　月　日——　年　月　日</td></tr>
<tr><td>主持人</td><td></td><td>参会人员</td><td></td></tr>
<tr><td colspan="4">实施管理评审的情况：</td></tr>
<tr><td colspan="4">评审内容(输入)：</td></tr>
<tr><td colspan="4">评审结论(输出)：</td></tr>
<tr><td>评审报告发放范围</td><td colspan="3"></td></tr>
<tr><td>编制人</td><td></td><td>编制日期</td><td></td></tr>
<tr><td>批准人</td><td></td><td>批准日期</td><td></td></tr>
</table>

(4)最高管理者应确保管理评审输出的有效实施。

(5)管理评审的输出内容以及结果跟踪应作为下次管理评审的输入材料之一。

五、管理评审记录的保存

管理评审结束后，质量负责人负责将管理评审的计划、记录及报告等资料整理汇总，装订成册，及时移交给档案管理员归档管理。记录应易于获得并按规定的时间保存。

项目拓展实训

选择一个实验室的部门，根据实验室内部审核流程和要求，策划和实施内部审核，完成其内部审核工作，并形成内部审核报告。

参考文献

[1]《检验检测机构资质认定管理办法》.

[2]《检验检测机构监督管理办法》.

[3]《检验检测机构资质认定评审准则》.

[4]RB/T 214—2017《检验检测机构资质认定能力评价 检验检测机构通用要求》.

[5]GB/T 27025—2019《检测和校准实验室能力的通用要求》.

[6]CNAS-R01—2020《认可标识使用和认可状态声明规则》.

[7]CNAS-CL01—2018《检测和校准实验室能力认可准则》.

[8]CNAS-CL01-G001—2018〈CNAS-CL01《检测和校准实验室能力认可准则〉应用要求 .

[9]CNAS-GL001—2018《实验室认可指南》.

[10]CNAS-GL011—2018《实验室和检验机构内部审核指南》.

[11]CNAS-GL012—2018《实验室和检验机构管理评审指南》.

[12]张桂玲．现代检测实验室设计指南．北京：中国质检出版社，中国标准出版社，2015.

[13]GB/T 27476.1—2014《检测实验室安全 第 1 部分 总则》.

[14]GB/T 27476.5—2014《检测实验室安全 第 5 部分 化学因素》.

[15]黄家声．实验室设计与建设指南．中国水利水电出版社，2011.

[16]呼小洲，程小红，夏德强等．实验室标准化与质量管理．中国石化出版社，2016.